面包时间

LET'S MAKE BREAD EASILY TOGETHER

一起轻松做面包

哈奇 著

辽宁科学技术出版社

沈 阳

图书在版编目（CIP）数据

面包时间：一起轻松做面包 / 哈奇著. — 沈阳：
辽宁科学技术出版社, 2020.5（2020.6 重印）
ISBN 978-7-5591-1440-2

Ⅰ. ①面… Ⅱ. ①哈… Ⅲ. ①面包—制作
Ⅳ.①TS213.21

中国版本图书馆CIP数据核字(2019)第290026号

出版发行：辽宁科学技术出版社
　　　　　（地址：沈阳市和平区十一纬路 25 号　邮编：110003）
印 刷 者：辽宁新华印务有限公司
经 销 者：各地新华书店
幅面尺寸：170 mm×240mm
印　　张：15
字　　数：200 千字
出版时间：2020 年 5 月第 1 版
印刷时间：2020 年 6 月第 2 次印刷
责任编辑：康　倩
封面设计：邱　寔
版式设计：鼎籍文化
责任校对：黄跃成　王春茹

书　　号：ISBN 978-7-5591-1440-2
定　　价：59.00 元

联系电话：024-23284367
邮购热线：024-23284502
E-mail:987642119@qq.com

序

心灵面包

哈奇

资深烘焙达人，知名美食博主，"真麦元素"主理人，"下厨房"金牌讲师，"食帖"特约撰稿人，理论扎实，见解独到，热爱生活，喜欢分享。

记得多年前我第一次兴冲冲地使用面包机，却只能做出一个硬硬的面饼，到今天对烘焙有了一定深度的感悟，这期间我经历过许多失败，也走过很多弯路，因此对于在烘焙路上摸索前行的朋友，遇到困惑时渴望找到答案的心情感同身受。从写这本书开始，我就有这样一个念头，把我对面包的理解和经验分享给和我一样热爱烘焙、用心做面包的朋友们，希望能对你们有所帮助。

可能由于学医的缘故，我对充满生命力的面团有着天然的兴趣。到现在我还记得培养天然酵母时的好奇和痴迷，尝试着各种不同的培养方法，沉迷在自己的试验中，想搞清楚面团里面有着怎样复杂而鲜活的世界。上学时学过的生物化学、微生物学、有机化学等正好都用到了，它们对于我在面包理论方面的理解和提升有着不可小觑的作用。尽管面包有很多种制作方式，但无一不遵循着面包科学，它是制作出优良面包的前提和基础，这也正是我在本书中对面包基础理论多花笔墨的原因。

做面包的过程是理性的，也是感性的，每个面团都有自己的灵魂，要用心去读懂它。我们所要做的，就是让面包的灵魂绽放，我想这就是所谓的"心灵面包"。因此，除了掌握一定的面包基础理论，还要反复练习和积累经验。理论和实操的完美结合，才是提升烘焙技能的正确方式，做起面包来才会越来越轻松。

每当我们承受工作和生活的压力、感到身心疲惫的时候，与柔软的面团为伴，已经成为一种生活方式，可以让我们的内心慢慢归于单纯和平静，重新去品味生活的美好。特别是和自己孩子一起做面包的时候，看着他笨拙可爱的动作和眼睛里闪烁着的兴奋的光，和他一同品尝小手里诞生的香甜美味，那种充满了全家的愉悦和温暖总是让人感动。

一起动手做面包吧，面包里还藏着多少秘密，相信热爱面包的你和我一样，总忍不住想去探寻，对健康和美味的不断追求，日复一日，从未停止……

目　录

如何才能充分享受面包的美味？这不仅要使用天然的良好食材，更要通过双手把材料中蕴含的香气最大限度地呈现出来。做出好吃的面包，始终是面包制作者们乐此不疲的追求目标。

面包的种类繁多，亚洲地区大多喜爱软式面包，其特点是糖油含量较高，并加入多种副材料，制作出的面包表皮薄、组织松软，多作为早餐或点心食用。而欧洲国家以硬式面包为主，其用料简单、低糖油或不含糖油，以呈现小麦的香气和发酵风味为特色，主要作为主食食用。所谓的硬是指面包的外壳脆硬，而大多有着柔软的内里。欧式面包品种多样，除了硬式面包以外，还有酥皮面包、甜点面包等多种品种。

制作面包的基本材料

一 面粉

1. 有关成分

（1）蛋白质

蛋白质含量是衡量面粉的一个重要指标，好的小麦含有大量的优质蛋白质。麦谷蛋白和醇溶蛋白是面粉特有的蛋白质，在搅拌过程中和水结合，形成一种具有黏性和弹性的物质——面筋，无数条面筋交织成为高密度的网膜结构。

面筋在面包制作中起到极为重要的作用：一方面支撑面团长大，成为梁柱般的面包骨架；另一方面具有黏性和弹性的薄膜组织，可以包裹住酵母发酵产生的气体，帮助面团膨胀。

（2）灰分

灰分是指面粉经高温燃烧后残留下来的物质，主要成分为硫酸盐、磷酸盐、钙等矿物质，是可以给面粉带来风味的重要物质。

（3）酵素

酵素也叫作酶，可以分解大分子物质为可食用吸收的小分子物质。面包制作中起主要作用的酶有蛋白酶和淀粉酶。蛋白酶可以将蛋白质分解成氨基酸；淀粉酶可以裂解淀粉产生单糖，主食欧包里面没有加糖却可以吃出回甘，正是淀粉酶的功劳。

2. 面粉的种类

（1）根据蛋白质含量分类

高筋面粉：蛋白质含量通常为11.5%~14.5%，面粉吸水性好、产生的面筋量多，需要较长时间的搅拌，适合制作膨胀度高、组织松软的面包。

准高筋面粉：蛋白质含量通常为10.5%~12%，适合制作面包、面条等。

中筋面粉：蛋白质含量通常为8.0%~10.5%，我国出产的小麦研磨而成的面粉大多属于中筋面粉，适合制作中式面点。

低筋面粉：蛋白质含量通常为6.5%~8.5%，常用于制作糕点，也适合制作甜甜圈、果子面包等糕点面包。

高筋面粉粒度较大，质地较粗，用手握成团，松开后面粉容易散掉（图1）；低筋面粉粒度较小，质地较细，用手握成团后松开，面粉凝聚性强，不易散掉（图2）。

（2）根据灰分含量分类

欧洲的面粉不以蛋白质含量区分，而是以灰分所含比例进行标示划分。

例如我们常用的法国面包粉，顾名思义就是制作法国面包专用的面粉，小麦蛋白质含量为10.5%~12.5%，灰分含量为0.4%~0.65%。它的名称通常以T为开头，加上灰分占总重量的百分比进行标示，如T55是指面粉的灰分含量为0.55%。灰分含量越高的面粉颜色越深、麦香味道越浓郁。

全麦粉

也称全粒粉，是将整粒麦子进行磨制加工而成的面粉，里面包含了麸皮、胚芽和胚乳等全部小麦成分。全麦粉很好地保留了小麦的营养元素，矿物质、食物纤维和维生素等含量高于一般面粉。全麦粉中的麸皮和胚芽会切割面筋，使用量大时会影响面包的膨胀，用量越多，面团的膨胀度越差。

黑麦粉

又称裸麦粉，由黑麦磨制而成，麦香浓郁、富含营养。黑麦粉中含有的醇溶谷蛋白和水结合可以产生黏性，却没有能够产生弹性的麦谷蛋白，因此黑麦粉面团无法形成面筋。黑麦粉在使用时一般会按比例添加，添加比例越大，面包膨胀度越小、组织越密实。

3. 面粉吸水率

面粉吸水率是指将面粉搅拌成面团的最大吸水量占面粉重量的百分比，由面粉的蛋白质含量、破损淀粉、研磨方式等多种因素决定，蛋白质含量越高的面粉吸水率越高。当水量超过面粉最大吸水量时不容易搅拌成团，因此建议水量先设定为面粉重量的65%，这一比较安全的比例。而制作含水量较高的欧式面包时，水量可以提高到面粉重量的70%~75%，甚至更高，当然制作难度也会增加。

4. 保存

面粉要置于凉爽、通风的环境中储存，放在架高的木板上，不要直接接触地面。购买后在保质期限内尽快用完，面粉如果长时间放置，质量和香味都会受影响。长期堆放的面粉容易结块，建议使用前先过筛。

二 酵母

制作面包的酵母大致可以分为方便快捷的商业酵母和自己培养的天然酵母两大类，无论哪种酵母，都是从天然材料中获得的。

商业酵母为单一菌种，发酵能力强而稳定，我们常用的即发干酵母和新鲜酵母都属于此类。天然酵母是人们使用谷物、果实等天然材料，经人工培养繁殖出的酵母种。天然酵母为复合菌种，除了酵母菌以外，还包含乳酸菌、醋酸菌等多种菌群，相比商业酵母，天然酵母产气能力偏弱，发酵时间也偏长。

酵母菌在5~40℃的温度范围内都具有

活性，在 28~32℃的环境条件下活力最为旺盛，超过 38℃活性开始下降，60℃以上则丧失活性。低温环境下酵母代谢速度减慢，低于 4℃时酵母菌进入休眠状态。

1. 即发干酵母

即发干酵母是人工筛选培养出的特定天然酵母菌种，经过压榨、干燥脱水等工艺成为小颗粒状，含水量为 7%~8%，发酵能力强。根据对糖的耐受度可以分为高糖酵母和低糖酵母。

高糖酵母：也称耐糖酵母，适用于糖含量＞8%的面团，适合软式甜面包等的制作。

低糖酵母：也称非耐糖酵母，适用于糖含量＜8%的面团，适合无糖或低糖的面包、中式面点等的制作。

糖含量为 8%的面团，两种酵母均可使用。

酵母称量要准确，可以使用电子秤或者酵母量勺称量。如果需要称量的酵母不是整数，我们也可以利用分割体积的方法，例如先称量出 1 克酵母，再目测平均分成需要的份数，从而得到想要的重量，准确度还是比较高的。

现在使用的干酵母多为即溶性的，不需要预先溶解就可以使用，但如果面团的含水量少或搅拌时间短，建议先将干酵母放入其 5~6 倍量的水（25℃）中溶解后再使用。

未开封的酵母可以在常温下保存两年，开封后的酵母需要密封后冷藏保存，半年至一年内活性都不会减弱。如果量大，可以分装密封后冷冻，能够保存更长的时间。

2. 新鲜酵母

新鲜酵母是没有经过干燥工艺的酵母产品，含水量约 70%，呈乳白色、半干的长条状，具有活性好、发酵力强等优点。新鲜酵母和即发干酵母的用量按照 3：1 的比例换算，相差的重量可以看作是水的重量。

新鲜酵母对温度、水、空气等敏感度高，因此要用蜡纸将新鲜酵母包裹后装袋密封，置于 2~4℃的冷藏温度下保存，使用时用干净的工具挖取以防止杂菌污染。冷藏保存的新鲜酵母两周以内的活性较好，之后逐渐下降，40 天后活性会变得很差，酵母呈现发软的黏土性状，颜色变深，基本不能再用。

新鲜酵母含水量高，水分冻结后会对酵母造成一定程度的损伤。但大块酵母对于家庭烘焙而言过大，难以在保质期内用完，所以也可冷冻保存以免浪费。将酵母用消毒过的刀切分成块，用烘焙油纸包裹后装袋，排净空气密封后冷冻，这样的方法至少可以保存半年甚至更长时间，使用前将酵母移到冷藏室，待其自然解冻后使用。随着保存时间的延长，失活的酵母量会逐渐增多，使用时可以适当增加一些用量。

三 盐

盐是决定面包味道的重要材料。盐可以强化面筋组织，使面团变得紧实有弹性、便于操作，同时能够提高面团的气体保持力，增加面包体积；盐可以抑制酵母活性、控制发酵速度、使发酵更稳定，同时还可以抑制杂菌滋生；盐能够帮助面包上色，提高质感和光泽度。

盐的用量一般为 1%~2%。多盐的面包不仅让人难以下咽，而且盐多还会影响酵母的活力，同时使面团紧缩，烤出的面包体积小；盐量低的面包除了缺乏风味，还存在面团发酵速度快、熟成不充分、烘烤不易上色、口感和风味变差等问题。

盐的种类很多，因所含矿物质等成分的不同而呈现不同的颜色和风味。岩盐、湖盐等矿物质含量较高的盐类在供给面团养分、增加面包风味等方面起到了一定作用，但只有用在简单成分的面包中才能显现出差异，而用在用料丰富的面包中时区别不大。

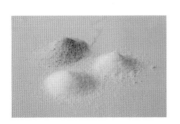

盐的主要成分是氯化钠，氯化钠的含量决定了盐的咸度，不同品种盐的氯化钠含量可能存在差异，因此咸度也会有不同。有时会遇到按照配方盐量做出的面包感到偏咸的情况，除了个人对咸的敏感度不同以外，也可能是由于不同品种的盐的氯化钠含量不同引起的，因此要根据实际用盐的咸度灵活调整盐的用量。

四 糖

糖给面包带来香甜的味道，使面包柔软蓬松、保湿性好、老化速度减慢；糖是供给酵母活动的营养来源；有糖的面包烘烤时更易上色，糖与氨基酸产生的美拉德反应以及糖遇高温发生的焦糖化反应，使面包呈现美丽的金棕色泽，同时具有迷人的焦香味道。

对面包酵母而言，糖用量在 15% 以内，含糖量越高，酵母活跃度越好，但当糖含量高达 20%~30% 时，酵母活性不仅会受到抑制，同时还会影响面筋的形成，因此含糖量高的面团通常会相应减少盐的用量。

面包制作中通常使用白砂糖，有时也会用蜂蜜、枫糖、红糖等糖类。不同的糖可以为面包带来各自独特的口感和风味。蜂蜜有着特殊的清香，含糖量约 70%，做出的面包烤色漂亮、保湿性好。红糖的含糖量在 80% 左右，添加了红糖的面包不仅营养丰富，还具有特殊的色泽和香气。

五 油脂

油脂的加入能够改变面团的性质以及风味。适量的油脂可以改善面团的延展性、增加面包的体积和光泽度，使组织均匀细致，同时还具有延缓面包老化的作用。根据在常温下呈现的状态不同，油脂分为固态油脂（图1）和液态油脂（图2）两类。

1. 固态油脂

动物黄油是最常用的固态油脂，是从鲜奶中分离出来的乳状脂肪经过搅拌加工而成的块状油脂，脂肪含量约80%。黄油可以包覆住面筋组织，增加面团的延展性和可塑性，它的乳化作用能锁住水分，改善面团的湿黏状态，并具有保湿功能。添加了黄油的面包柔软好吃，有天然的乳香味道，老化速度慢。

软式面包的黄油含量一般在5%~15%，甜点类面包的黄油用量会更高，面团的搅拌难度也随之增加。为了方便控制盐的用量，如无特殊需要，面包制作一般使用无盐黄油。

可塑性：可塑性是指在适宜的温度范围内，柔软状态的油脂在物理性外力作用下，可以依照受力方向产生形状变化的特性。黄油随着温度从低到高，呈现出固态、半固态和液态三种状态。黄油的可塑性非常适于面包制作，酥皮类面团的制作也正是利用了黄油的这一特性。

黄油要在冷藏温度下密封保存，如果长时间不用，则可以冷冻。动物黄油熔点较低，在34℃左右会熔化成液态并出现油水分离现象，即便降温后再凝固也无法恢复之前的性状，从而影响使用效果。

2. 液态油脂

天然植物油一般都是以液态形式存在的油脂，主要成分为不饱和脂肪酸。橄榄油是制作面包时常使用的液态油脂，含有多种适合人体的营养成分，对健康十分有利，可以直接添加在面团中或在烘烤之后刷在面包表面。

能否把配方中的黄油全部替换成等量的液态油？因为液态油脂没有黄油的可塑性，黄油用量≤5%时可以等量替换，对面团影响不大，但黄油用量＞5%时，不建议全部替换，否则面团的性质会发生改变。

3. 其他

植物黄油也叫马琪琳，是人工合成的氢化植物油。植物黄油熔点高、状态稳定易操作，与天然动物黄油相比虽然价格便宜，但口感差、缺少天然黄油的乳香气味，同时含有对人体健康不利的反式脂肪酸，因此不提倡使用。

六 乳制品

乳制品加入到面团中有紧实面筋、增强发酵耐性、提高面团保水力、增加烘烤色泽等作用。添加了乳制品的面包营养丰富、具有奶香味道、组织细腻柔软、老化速度减慢。

新鲜奶和奶粉是最常用的乳制品，鲜奶中的固体成分约占10%，水的含量约为90%。如果想把配方中的水替换为鲜奶，则鲜奶量=水量÷0.9。

奶粉是由鲜奶经过浓缩、干燥等工艺加

工而成，只使用少量奶粉就可以让面包有明显的奶香味道。

七 蛋

蛋用于面包制作有提高营养价值、调节味道和口感、增大面包体积、增加烤焙颜色等作用。蛋白可以强化面筋、增加面团的焙烤弹性。蛋黄中所含的大量油脂、卵磷脂等是天然的乳化剂，有使面包组织细腻、柔软湿润，增加面包体积，提升面包香气的作用。

鸡蛋及其主要组成的含水量：

材料	全蛋	蛋白	蛋黄
含水量（%）	75	88	50

* 受鸡蛋的品种、放置时间等因素影响，含水量会略有差异。

八 材料特性

柔性材料：包括油脂、全蛋、蛋黄、糖、糖浆和蜂蜜等。添加了柔性材料的面团延展性好，烤出的面包松软、保湿效果佳、面包老化慢。柔性材料不宜使用过多，否则会造成面团太过柔软，成品扁塌、不够饱满。

韧性材料：包括盐、蛋白和乳制品等。韧性材料可以增加面筋强度，增强面团的弹性和韧性。韧性材料不宜使用过多，否则烤好的面包体积小、干硬掉渣、老化速度快。

烘焙百分比和面团量的计算

烘焙百分比是制作面包时表示材料用量的一种方法，规定配方内的面粉用量为100%，从而计算出其他材料相对于面粉的百分比。

$$烘焙百分比 = \frac{配方中材料的用量}{面粉用量} \times 100\%$$

例如：

材料名称	用量（克）	烘焙百分比（%）
高筋面粉	1000	100
水	650	65
即发干酵母	10	1
细砂糖	80	8
盐	18	1.8
奶粉	20	2
黄油	100	10
面团总重	1878	187.8

根据烘焙百分比，可以计算出每种材料需要的重量。以左侧表为例，要制作两个吐司，每个吐司需要450克面团：

① 面团重量：450 克 ×2 = 900 克

② 倍数：

面团重量 ÷ 面团总重的烘焙百分比 × 100 = 倍数

900 ÷ 187.8% × 100 = 4.79

③ 搅拌过程会有损耗，一般会增加 0.2 左右作为损耗。

倍数 + 损耗 = 实际倍数

4.79 + 0.2 = 4.99 ≈ 5.0

④ 各材料用量：

各材料烘焙百分比 × 100 × 实际倍数 = 各材料用量

如高筋面粉：100% × 100 × 5 = 500 克

面包制作基础

面包烘焙一般要经过搅拌、基础发酵、分割、滚圆、松弛、整形、最后发酵，直到烘烤、冷却等步骤，才能完成面包的整个制作流程。不同种类的面包因呈现的口感和风味不同，在遵循烘焙基础的前提下，制作工法和操作细节会有所不同。

一 软式面包的制作

1.搅拌

通过搅拌将以面粉为主的材料揉和成团，同时形成足量的面筋，从而最终成为持气能力好、具有适度弹性和延展性的面团。

（1）机器搅拌

 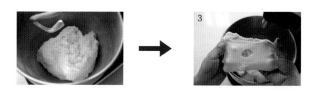

①混合阶段：

干、湿材料用慢速混合，面团粗糙湿黏，分布不均匀，既没弹性也没延展性（图1）。

②拾起阶段：

水分逐渐被面粉吸收，湿黏状态消失，开始黏结成团，随着搅拌面筋逐渐增多，面团搅附在钩的周围抱成团，盆壁变干净。此时，面团仍然粗糙（图2），但已渐渐开始出现弹力（图3）。

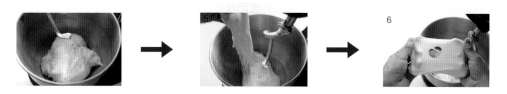

③卷起阶段：

待材料完全溶解并混合均匀后改快速搅拌，面团逐渐卷起，变得柔滑有弹性（图4）。此时，面团具有较为丰富的面筋，不易拉断（图5），用手拉开可延展出具有弹性的面筋薄膜（图6）。

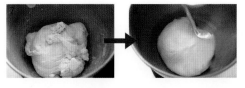

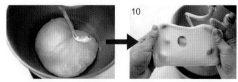

油脂会阻碍面筋的形成，黄油要等到面团形成较为完整的面筋结构时再加入。加入黄油后先用慢速搅拌，面团会变得有些破碎（图7），随着逐渐混匀面团会重新卷起变光滑（图8），待完全混合均匀之后改快速搅拌。

④扩展阶段：

面团逐渐变得柔软有光泽（图9），具有良好的弹性和较好的延展性，可以延展出稍薄的面筋薄膜，破口边缘呈不平整的锯齿状（图10）。

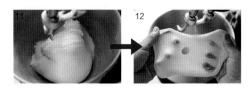

⑤完全扩展阶段（完全阶段）：

面团细腻柔软、有光泽，具有良好的弹性和延展性（图11），可以拉展出干爽平滑、透视度高的面筋薄膜，破口边缘光滑无锯齿（图12）。

> 面筋薄膜虽薄但仍要具有韧性，不能一味地追求薄而过度搅拌，导致薄膜孱弱无力，面团丧失弹性。

⑥过度阶段：

继续搅拌的面团会逐渐变松弛、表面湿黏，面筋失去弹性，从而进入搅拌过度阶段。受搅拌机、面粉以及配方等影响，有些处于完全阶段的面团可能只持续短暂的几十秒，再搅拌下去就会过度，所以要多关注即将搅拌完成的面团状态。

⑦断裂阶段：

面筋严重断裂，表面油亮、有凸起的小气泡，面团向四周流动、瘫软粘手，拉展开失去张力、出现大破洞，面团已经完全没有弹性，实际操作中一般不会不经心到出现这么严重的过度搅拌程度。

面团完成搅拌的状态要依据面包种类而定，面团搅拌至扩展阶段一般为七成至八成筋，完全扩展阶段为十成筋，不是所有的面团都需要搅拌到完全阶段，进行最适度的搅拌，是面包制作的重要技术之一。

（2）手揉面团

  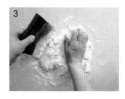 

① 将干性材料（酵母除外）混合，倒在操作台上，从中间旋转并向外扩，筑成粉墙。在粉墙内倒入水等湿性材料混合液(图1)。

② 手指从中间慢慢向外旋转画圈，使干、湿材料逐渐混合，直到没有流动的液体为止（图2）。

③ 将面团铲起集中，边用切刀辅助翻拌，边用手掌根部按压(图3)。稍混匀后加入酵母，再继续重复操作，直到无干粉为止（图4）。

 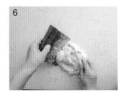  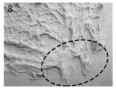

④ 手掌根部以碾磨般的方式将面团分次向外侧呈扇形推开（图5），搓推面团时要有一定力度。用切刀将面团铲拢集中（图6），向外推搓面团后再次铲拢，不断重复操作。

直到面团逐渐产生黏性，出现网络结构和大小不一的破洞（图7），面团根部与台面之间呈现拔丝样粘黏状态（图8）。

⑤ 将面团集中，两手轻握面团两侧，提起面团向台面上摔打（图9）、折叠（图10），两手改从侧面握住面团，顺势将面团旋转90°（图11），继续提起面团延展、摔打、折叠（图12），不断重复操作。

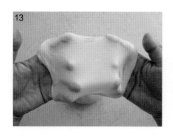

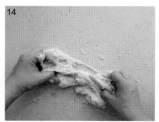

直到面团变得光滑有弹性，可以拉展出有一定厚度的面筋薄膜（图 13）。

⑥ 加入黄油，用撕拉的方式做初步混合（图 14），接着用碾磨的方式来回揉搓面团（图 15），直到黄油和面团完全混合均匀。

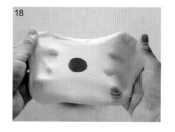

⑦ 与步骤⑤摔打面团的方式一样，重复摔打、折叠的动作（图 16），直至面团变光滑（图 17）。面团柔软、弹性好，能拉展出稍薄的面筋薄膜，破口边缘呈不平整的锯齿状（图 18）。

⑧ 继续摔打面团，直到面团变得细腻有光泽，表面干燥、不粘手，具有良好的弹性和延展性，可以拉展出干爽平滑、透视度高的面筋薄膜，破口边缘光滑无锯齿（图 19）。

（3）搅拌的相关问题

面温的控制

面温在面包制作中扮演着相当重要的角色。面温偏高的面团会变得湿黏、粗糙，即使再搅拌也无法达到需要的状态，而面温偏低会使搅拌时间延长。

调整水温是最常用的控制面温的手段，水温可以为 4~40℃。室温偏高时用冰水揉面、液体材料冷藏、干性材料冷冻，还可以采用搅拌盆外围包绑冰袋等方法辅助降温；室温偏低时可以使用温水揉面、将材料放暖箱保温等方法以提高面团温度。

面团终温

面团终温是指完成搅拌的面团温度，它是衡量面团状态的一个重要指标。软式面包的理想面团终温一般是 24~28℃。相对于小面包，成分简单的吐司面团面温相对偏低，以便有充分的发酵时间让面团更好地熟成。

面团特性

延展性：指面团可以伸展的能力，它使面团变得柔软、便于操作整形，同时能够随着逐渐增多的气体一起膨胀。

弹性：指面团的抗张力，在面团膨胀时它使面筋薄膜能够承受所受到的压力，保存大量气体不泄漏，同时克服重力向上长，使面包体积达到最大且外形饱满。

面团的弹性和延展性与制作过程有关，同时也受材料特性的影响，体现在面团上是二者综合作用的结果，如面团拉开时的难易程度、张力大小以及面筋薄膜的薄厚等。理想状态是二者达到最佳并保持平衡。弹性强而延展性差的面团不易操作、面包体积小；延展性强而弹性弱的面团，成品小而扁塌、外形不够立体饱满。

耐性：是指面团在操作过程中的稳定性，即不易被破坏的能力。它是由小麦品种以及面粉品质决定的，耐性好的面团会让面包制作变得容易。

油脂的加入

后油法：将面团搅拌至形成较为完整的面筋后再加入黄油，即为后油法。黄油加入的时机对面包的组织、膨胀度以及老化速度有很大的影响，加入过早不仅会阻碍面粉和水的结合，还会进入尚未健全的面筋结构之间切断面筋，待形成较为完整的面筋结构后再加入黄油，黄油会以安分的状态填塞于面筋缝隙之间。后油法不仅可以有效地提高面团质量，还可以缩短搅拌时间。当黄油含量＜ 5% 时，对面筋的形成影响不大，可以和其他材料一起先加。

黄油与面团软硬度相似时，二者能够更快地融合。黄油在室温下适当回温，至用手

指按压可以略微按入的程度即可使用。

调节水

面粉的吸水量可能存在差异，当配方含水量较高时，建议预留出 2%~5% 的水量作为调节水，在搅拌初期水分被吸收但尚未形成面筋时，根据面团的软硬度决定是否加入。

其他需要注意的问题

①材料混合要用慢速搅拌，使用快速搅拌不仅容易使材料飞溅，同时面粉和水急速形成面筋，会影响其他材料的溶解以及面团的均匀程度。待形成一定量的面筋后再使用快速搅拌强化面筋，如果始终用低速搅拌，则面团筋度不足，混入的空气量也不够。

②酵母不要与糖、盐等高渗性材料或者冰水、油脂等直接接触。

③果干、坚果等颗粒物质会影响面筋的形成，要在面团搅拌完成之后再加入。玉米粒等容易出水的材料或者蜜豆等易碎材料，建议采用切拌或者包入折叠的方法混合。

最适搅拌

能够烘烤出美味优质面包的面团搅拌状态就是最适搅拌。最适搅拌对于面包制作非常重要，会因面包种类、制作方法等不同而有差别。

软式面包以组织细腻、柔软蓬松为特色，通常会采用长时间的快速搅拌强力搅打出筋。搅打不足的面团面筋形成不充分，面团膨胀度差，烤出的面包体积小、气泡膜厚、内部组织粗糙有颗粒感，老化速度快。搅拌过度的面团面筋结构断裂，面团瘫软缺乏弹性，制作出的面包扁塌、体积小，表皮有小气泡，内部组织粗糙、有较多大孔洞，老化速度快。

2. 基础发酵

基础发酵也称主发酵，发酵过程中酵母菌、乳酸菌等微生物为了获取能量分解有机化合物，生成二氧化碳、醇类、有机酸等物质，这对于改善面团性质、增加面包风味起到非常重要的作用。

（1）发酵条件

面团发酵前要将其整理成表面光滑平整的状态，并具有一定的张力，以有效保存发酵产生的气体，同时也便于判断膨胀程度。

软式面包的发酵温度一般控制在 25~28℃，湿度为 75%。发酵温度偏高的面团发酵速度过快、面团熟成不充分，当温度超过 30℃时产酸菌会大量繁殖，导致酸性产物产生过多，引起面团发酸。发酵温度高还会造成面团内外温差较大，出现发酵不均匀的现象。发酵温度低时酵母活性减弱，使面团的发酵时间延长。

（2）面团的熟成

发酵的过程也是面团熟成的过程，适当的熟成对于面包制作非常重要。在代谢产物和酵素的作用下，以及各物质间发生的多种物理、化学反应，面团具有更好的弹性和延展性，从而达到最适宜操作的状态；面筋薄膜包裹住不断增多的气体，面团具有最大的产气和持气能力；多种分解产物以及以有机酸为主的发酵产物等的蓄积，成为使面包散发香气的物质。

（3）面团的产气能力和持气能力

产气能力是指面团酵母产生气体的能力。持气能力是指面筋组织将产生的气体包裹住的能力。状态良好的面团既要有活跃而持续的产气能力，还要具有能够有效保持气体的持气能力，二者要同时保持平衡，单方面过强或过弱都无法制作出好的面包。

影响产气能力的因素

① 酵母菌：酵母菌数量越多、活性越好，面团的产气速度越快。

② 温度和湿度：在适宜范围内，温度和湿度越高，酵母产气速度越快。

③ 含水量：含水量高的面团含氧多，酵母菌代谢旺盛，产气速度加快。

④ 渗透压：当糖、盐等可溶性物质浓度偏高时，酵母菌体内的细胞液会渗透到细胞膜外，引起活性下降甚至死亡。

⑤ pH：pH 为 4~6 是酵母菌较为适宜的生长范围，偏高或偏低发酵速度都会减慢。

⑥ 酒精：酵母代谢会产生酒精，酒精对发酵有抑制作用。

影响持气能力的因素

① 面粉质量：优质蛋白质含量高的面粉经过适度搅拌后形成的面团持气能力强。

② 材料：乳制品和鸡蛋里面的蛋白质可以与小麦蛋白质结合，增强面团保持气体的能力；盐可以强化面筋，增强面团的持气能力。

③ 搅拌：适当的搅拌可以赋予面团最大的持气能力，搅拌不足或搅拌过度，都无法让面团具备良好的持气能力。

④ 发酵程度：发酵不足或发酵过度的面团，持气能力都会减弱。

⑤ 水含量：水分过多的面团面筋强度弱，难以长时间保持良好的持气能力。

⑥ pH：pH 为 5.0~5.5 的面团面筋状态良好，持气能力佳。pH 低于 5.0 时，面筋的结合程度受影响，持气能力会迅速下降。

⑦ 代谢产物：酸性物质和酒精有软化面筋、增加面团延展性的作用，但含量过多反而会造成面筋软化过度，降低面团的持气能力，这也正是不能过度发酵的原因。

（4）翻面

翻面多见于材料简单、主发酵时间较长或者需要增加面筋强度的面团使用。常采用两次三折的折叠方式，翻面的前提是面团变松弛、弹性减弱才能够操作。

做法：

①将容器倒扣，让面团自然落到台面上，稍整理平整（图1）。

②分别将面团的左、右1/3部分向中间折。（图2）。

③ 再将下 1/3 部分向上折（图3），然后把折叠部分向上推卷。

④ 使面团自然折叠卷起，即完成两次三折的折叠翻面（图4）。

翻面的主要作用

① 使面团内部气体适度排出，让新鲜空气进入，以刺激酵母活性，同时使气泡均匀分布。

② 均衡面团的温、湿度，使发酵更加均匀。

③ 调整面团与空气的接触面，使代谢产物重新分布。

④ 使面筋得以强化，从而增加面团的气体保存能力，提高烤焙弹性。

（5）发酵结束的判断

发酵前　　　　　　发酵后

可以依据面团的膨胀程度进行判断，即面团发至原体积的2~2.5倍大。也可以采用指测法，通过面团弹性减弱的程度进行判断，即食指蘸干粉，插入面团至第二指关节后迅速拔出。发酵适度的面团凹洞基本维持原状，面团仍保持饱满膨胀的状态。

发酵不足的面团会快速回弹，孔洞缩小

或闭合。由于熟成不充分，此类面团表面湿黏，制作出的面包表皮厚硬、颜色深，内部组织密实、质地粗糙，风味差；发酵过度的面团孔洞周围塌陷，面团不坚挺，轻拍会泄气。此类面团表皮过干、颜色偏白，有浓重的酸味和酒精味，烘烤不易上色，制作出的面包组织粗糙掉渣、味道发酸。

（6）冷藏发酵法

是指面团的基础发酵在冷藏环境中进行，为了让面团有充分的熟成，至少要发酵12小时。由于发酵时间长，面团的水合作用充分，做出的面包口感绵软、风味好、老化速度慢。另外隔夜冷藏发酵是把长时间的发酵交给冰箱，将制作分段进行，而不必一次耗时太长，还可以在第二天一早吃到刚出炉的面包。使用前面团要在室温下放置，待中心面温升至16℃再进行后续操作。

3. 分割

取出面团时将容器倒扣，用刮板将粘黏的面团从底部铲下，让面团利用自身重量落在台面上。分割面团时用切面刀向下压切，而不要像锯一样前后移动，更不要用手拉扯。尽量减少切割次数，分割太碎的面团的组织完整性和膨胀力都会受到影响。

4. 滚圆

滚圆是根据整形的需要将面团整理成统一的形状，同时使面团具有完整的表面，以更好地保存发酵产生的气体。圆形是最常用，也是最容易变化成各种造型的基本形状。

（1）小面团滚圆

将手拱起包覆住面团并做旋转画圈的动作，同时用指腹推挤面团下方，使面团逐渐收紧，直到成为表面光滑绷紧，底部收口闭合的圆球形状。

（2）大面团滚圆

双手围拢面团并轻轻向内拉动，同时用指腹推挤面团下方让面团表面收紧鼓起，将面团转90°，再次做向内拉的动作，重复操作直至面团成为表面光滑绷紧，底部收口闭合的圆球形状。

滚圆的力度要根据面团熟成度、含水量等灵活调整。熟成过度的面团滚圆力度要轻，以缩短松弛时间；而熟成不足的面团滚圆力度要适当加重，以延长松弛时间。含水量低的面团延展性弱，要以较轻的力度滚圆；而含水量高的面团的滚圆力度可以适当增加。

面团出现凹凸不平的月球样表面，是由于滚圆过紧造成的。整形时施力过度，面团表面也会出现月球样现象。

5. 松弛

松弛是将滚圆的面团静置一段时间，让紧缩的面筋逐渐缓和，从而恢复延展能力，以便于整形操作。松弛时间一般为15~20分钟。松弛时间受面团种类和滚圆松紧等因素影响，滚圆较紧、熟成不足、含水量偏低的面团松弛时间较长，而滚圆较松、熟成过度、含水量偏高的面团松弛时间较短。松弛好的面团用手指轻按不会立刻回弹，同时有指痕留下（图1、图2）。

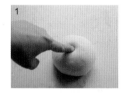
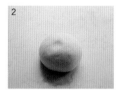

6. 整形

整形时面团内的气体被适度排出，让发酵产生的气体重新分布，使内部形成良好的组织，同时通过拍打、擀压等动作进一步强化面筋，增加面团的烤焙弹性。整形的前提是不损伤面筋，整形好的面团既要有必要的弹性，还要同时保持表皮的完整性。整形力度要根据面团熟成度等进行调节，例如中种法面团一般比直接法面团的整形力道偏大。

7. 最后发酵

面团通过最后发酵再次膨胀成饱满的外形。

软式面包的最后发酵温度一般为32~35℃。高糖油面团的最后发酵温度较软式面包偏低，一般为 25~28℃。最后发酵温度不宜超过 38℃，否则组织气泡容易出现不均匀的现象。最后发酵温度高还会引起面团中心与外层的温差过大，使发酵不同步，同时高温下产酸菌活跃，使酸性物质产生过多，导致烤好的面包组织粗糙、风味差。

最后发酵的湿度一般控制在 80% 左右。发酵湿度高的面团表皮湿黏、表面有小气泡，面包烤色深、表皮偏硬不易咀嚼；发酵湿度低的面团表面会结皮，膨胀时容易开裂，面包体积小、烤色差。

（1）最后发酵结束的判断

面团将要膨胀至最大，是最后发酵结束的理想状态。此时的面团虽然充分松弛但仍保留一些弹性，在入炉后有继续膨胀的能力。软式面包面团最后发酵结束膨胀至约 2 倍大，具体发酵程度还需依面包种类而判断。如吐司等外形高大的面包，要保证烘烤后不回缩、不塌陷，面团发酵结束仍需具有一定的弹性，手指轻按面团表面略有回弹，有比较明显的指痕留下（图 1、图 2），而组织蓬松的小面包最后发酵可以更充分些，轻按后回弹很少，甚至几乎不回弹。

最后发酵不足的面团在烘烤过程中无法充分膨胀，制作出的面包体积小、表皮厚且颜色偏暗红，组织密实、气泡膜厚，面包风味差。最后发酵过度的面团烘烤时不易上色，制作出的面包组织粗糙、味道差甚至有酸味儿，面包出炉后容易塌陷，严重的在烘烤过程中就会回缩。

（2）影响最后发酵的因素

最后发酵受面粉的蛋白质含量、面团的熟成度、整形方式、有无发酵种等多种因素影响。如果最后发酵缓慢，可能的原因有酵母活性差，面团搅拌不到位，基础发酵不足或过度，松弛时间短，整形偏紧，发酵温、湿度低等。

8. 烘烤

面团入炉前烤箱要充分预热。不同的烤箱升温快慢不同，一般以烘烤温度预热 15~20 分钟。

烘烤过程中酵母随着温度的升高加速产气，水、酒精等高温汽化，同时气体受热膨胀，使面团体积迅速增大。

面团在入炉后 25%~30% 的烘烤时间内膨胀至最大，接下来固化、定型、开始上色，一般用最后 30%~40% 的时间完成烘烤着色。

面包的烘烤温度和时间要依据面团种类、大小以及数量而定，低成分、发酵过度或者含水量高的面团要用高温烘烤，而高成分、发酵不足的面团烘烤温度相对偏低。表面到中心的距离越大的面团烘烤时间越长。

烘烤温度偏低的面包体积大、表皮厚硬、颜色浅并缺乏光泽，由于烘焙损耗增加，造成面包偏干。烘烤温度高的面团结皮早，面包体积小、组织密实，可能会出现上色过深但内部尚未完全烤熟的现象。

烤箱之间存在差异，虽然设置成相同的温度，但实际温度可能会有不同。配方的烘烤温度和时间只能作为参考，要摸清所使用烤箱的脾气，升温快慢、温度偏高或偏低等，以做出相应调整。对于上、下温度不能分开控制的烤箱，可以使用平均温度烘烤。

美拉德反应和焦糖化反应

美拉德反应（也称梅纳反应）是面团中的氨基酸和还原糖之间发生反应，生成了称为类黑精的棕色芳香物质以及上千种有不同风味的中间体分子，从而使面包上色并具有迷人的风味。美拉德反应的温度范围很广泛，从40℃就开始发生，150℃以上反应速度会大大加快。焦糖化反应是当糖类加热到熔点温度以上时开始脱水变硬、颜色逐渐变深，呈现褐色并具有焦香味道的反应。每种糖的焦化反应温度不一样，果糖大约为110℃，葡萄糖、蔗糖等为150~160℃。

面包烘烤后呈现美丽的金棕色以及散发出的独特香气，是以上两种反应同时发挥作用的结果，但主要来自美拉德反应，后来才有焦糖化反应的加入。

9.出炉和冷却

（1）出炉

震模是出炉的一个重要步骤，是将出炉后的面包连同模具（或烤盘）从距离台面约10厘米处垂直摔向台面，借着震动将包裹着高温气体的大气泡在冷却收缩前震碎成分散的小气泡，同时排出多余热气并促进水蒸气尽快排出，从而稳定表皮和内部组织，防止面包塌陷、回缩。震模可以减少吐司内凹的发生，让组织更加均匀细致。

（2）冷却

刚烤好的面包内部尚未稳定，有大量水蒸气和酸性产物尚未排出，组织软黏，因此要放在凉爽通风的地方散热。当中心温度降至35℃左右时，组织逐渐稳定，面包柔软有弹性。小面包一般需要冷却20分钟，大面包则需要1~2小时。

刚出炉的面包不宜立刻食用，不仅味道差还容易引起胃肠不适。面包也不要热着切开，否则组织会粘黏，使切面不平整，同时水蒸气从切口大量排出，使冷却后的组织变得干硬。

10.面包的保存

面包放置一段时间后会逐渐变得干硬，这是由于吸水糊化的淀粉冷却后又失水，造成的面包脱水老化现象。

面包的老化速度受温度影响很大，随着温度的降低老化速度会加快。但当温度低于-10℃时，面包的老化速度却大大减慢，因此面包不适合冷藏，冷冻是最好的保存方法。面包装袋密封，常温下可以保存1~2天，冷冻情况下能够保存1个月。久放的面包会丧失香气，所以即便是冷冻，也建议尽快食用完毕。食用前在常温下放至自然解冻，可以直接吃或者表面喷雾水用180℃烘烤3~5分钟加热后食用。

二 硬式面包的制作

硬式面包属于低糖油的LEAN类面包，常以多种面粉混合搭配制作，有时也会加入谷物杂粮或种子等。因多作为主食食用，所以也常统称为主食欧包。

1.搅拌

硬式面包讲究表皮酥脆、组织软弹、有良好的断口性，具有浓郁的麦香和发酵风味，面团提倡慢速搅拌、少搅拌，过多的搅拌会使面筋过于丰富、小麦香气流失，面包组织细密松软、麦香味道弱。一般先采用长时间的慢速搅拌，再用短时快速搅拌到扩展阶段即可。面温对于硬式面包制作相当重要，面团终温一般控制在22~24℃，不宜超过25℃。

（1）自我分解法

将面粉和水混合成团后静置一段时间，这段静置期就是面团自我分解的过程。静置期间面粉中的蛋白质和水结合形成大量面筋，能够有效缩短面团的搅拌时间，酵素也同时进行着分解作用，让面团能够更好地延展并具有香甜的气息，从而制作出膨胀性好又充满小麦香气的面包。

做法：

① 面粉和水混合成团。

② 将酵母撒在面团表面使其湿化，搅拌时能更快溶解。

③ 遮盖后静置 20~30 分钟。自我分解后的面团变得柔滑、表面发亮。

④ 已经有大量面筋产生。

自我分解法对硬式面包制作有重要的意义，如果时间不够，哪怕静置15分钟也好过没有静置。静置时间也不宜过长，否则分解过度反而会让面团的筋度减弱。

（2）后盐法

盐在搅拌开始时加入，会影响面粉吸收水分、阻碍面筋的形成，使搅拌时间延长。待面团搅拌至具有一定量的面筋后再加入盐，即为后盐法。后盐法可以加速面筋的形成、缩短搅拌时间，盐在面筋形成后加入，还可以起到紧实面筋、增强面团弹性的作用。

（3）后加水搅拌

水分过多的面团不易形成面筋，因此当配方含水量较大时，可以先留出一部分配方用水，待面团搅拌到形成较为完全的面筋后再加入，即为后加水搅拌。后加水不仅能够缩短搅拌时间，还可以起到调节面温的作用。

（4）免揉法

免揉法是硬式面包面团常用的一种制作方法，即不揉和面团，而是通过静置和多次伸展、折叠的翻面操作的方法来达到增加面团筋度的目的。这种制作的最大特点在于面团没有经过搅拌，将氧化程度降到最低，从而最大限度地保留了面粉的香气，烘烤出的面包有着更加质朴、甘甜的风味。

2. 基础发酵

硬式面包多采用较少酵母量长时间发酵的制作方式，让面团有充分的熟成，从而激发出小麦深层次的香气。硬式面包的发酵温度一般为24~26℃，湿度为75%，建议最高不要超过27℃。用熟成不足的面团烘烤出的面包体积小，内部组织不够软弹，烘烤上色早且表皮香气弱。用熟成过度的面团烘烤出的面包体积过大，烘烤不易上色且香气弱。

硬式面包面团的膨胀力较弱，常通过翻面操作逐步架构完整的组织结构，以达到增加面筋强度的目的。适当辅助压平排气动作，通过拍、压面团表面使内部气体适度排出，这不仅可以刺激面筋组织，从而达到增加面筋强度的目的，同时可以让大气泡变成小气泡，使组织更加均匀。

对于多次翻面的面团，各阶段翻面的主要意义有所不同：发酵前半段的翻面以刺激面团，增加面筋强度为主；发酵中段的翻面主要在于提高面团筋度，刺激酵母活性；发酵后半段的翻面是适度增加面团筋度，同时让发酵更均匀。

操作：

① 台面上撒适量手粉，将容器倒扣，用刮板将粘黏的面团从底部铲下，使面团自然落到台面上。

② 轻轻拍打面团，排出大气泡，同时将面团整理成比较整齐的形状（图1）。

③ 先将面团的左、右1/3部分向中间折（图2、图3），即完成一次三折（图4）。

④ 再将面团的下1/3部分向中间折（图5），提起折叠部分并向前推，使面团自然折叠卷起，即完成两次三折的翻面（图6）。

> 翻面松紧要适度。面团并非越紧越好，面筋过紧会影响面团的充分膨胀，严重的还会造成面筋断裂；而翻面太松的面团筋度不足，同样无法充分膨胀。

3. 分割和塑形

分割的形状要适合整形的需要，如法棍和橄榄形面包的面团要切割成方形。

从塑形到整形的每一步操作，最重要的就是不破坏面筋，达到面团所需形状和张力的同时，尽量少地碰触面团。塑形好的面团形状均匀、表皮完整并有一定的表面张力。

4. 松弛

松弛的目的是给予面团放松的时间，让它恢复延展性。手指轻压面团表面，有少量回弹并有指痕留下，则表示松弛适度，如果完全不回弹，则表示松弛过度了。

5. 整形

筋度偏弱的硬式面包面团，想要在最后发酵阶段具有能够维持面团形状的张力和弹性，烘烤时迅速膨胀、割口爆开具有漂亮的外形，恰到好处的整形非常重要。在不伤及面团的情况下，排出大气泡的同时保留部分气体，使整形好的面团具有一定的弹性，不破皮、不断筋，掌握这种既要轻柔又要紧的手法并不容易，只有在反复的练习中才能逐渐掌握。

6. 最后发酵

硬式面包面团的最后发酵需要在发酵布上进行，发酵布像墙壁一样顶住长大的面团，帮助它产生向上膨胀的力量，使形状更加饱满。发酵布还可以吸收一定的水分，减少面团底部粘黏。

相对于软式面包，硬式面包的发酵环境略偏低温、低湿，最后发酵温度一般为26~28℃，湿度为75%，大体积面包的发酵温度更要控制，温度高时会出现面团外层和中心温差过大，发酵不均匀的现象。

（1）最后发酵结束的判断

与软式面包相比，发酵结束的硬式面包面团弹性稍强，用指尖轻按面团表面，面团回弹明显但仍有指痕残留。按压后面团完全回弹则表示发酵不充分，烤出的面包体积小、组织密实。按压后几乎不回弹则表示发酵过度，烘烤时割口爆开不好。面包的组织和外形也不理想。

（2）转移

最后发酵结束的面团要借助转移板将其从发酵布转移到平烤盘上，以便将面团送入烤箱。如果没有平烤盘，可以使用尺寸合适的木板等，但表面要平整，以减小滑送时的摩擦力。

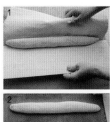

转移时提起发酵布，让面团自然翻转到转移板上。

再将面团从转移板移至铺了高温油布的平烤盘上。

转移要一步到位，避免来回移动破坏柔软的面团组织。

（3）割包

硬式面包烘烤前常会在面团表面割口，这不仅有助于面团在烘烤过程中更好地膨胀，还能够让内部压力有释放的出口，否则烘烤时容易乱爆，影响美观。剃须刀片是很好的割包工具，对于颗粒物多的面团用带锯齿的刀片割口会更加轻松。

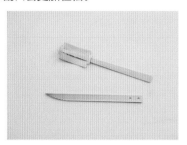

割包时要根据面包的不同选择适合的割包方式，如圆形面包需要均匀膨胀，割纹要对称，刀刃垂直切割，而法棍在体积膨胀的同时割口要被最大限度地撑开，因此割纹是与纵轴几乎重叠的直线（图1），刀刃倾斜使割口呈楔形（图2）。

即便割包正确，割口也未必能够漂亮地爆开。对割口爆开不满意时我们常会疑惑是否割包有问题，但其实更要回顾和审视的是搅拌、发酵、整形等一系列尤为重要的制作环节。

7. 预热和烘烤

（1）预热

硬式面包面团入炉前，会在烤箱内铺放

石板预热，石板热熔度高，能够储存大量热量，以保持入炉后的温度。面团放入烤箱后还要有一定量的高温蒸汽，而家用烤箱一般不具有蒸汽功能，所以需要人为制造蒸汽。将装有石子或重石的烤盘放在烤箱中上层的烤架上，和石板一起预热，石子尽量铺满烤盘底部以增大受热面积，不建议把石子放在石板的下层预热，这样容易影响石板蓄能。面团入炉后向石子上倒一定量的开水，可以瞬间制造出大量的高温蒸汽。如果装有石子的烤盘太大，遮挡过多影响蒸汽的散发，或者烤箱体积小，石子离上加热管很近，建议在面团入炉前将装有石子的烤盘转移到石板下层。

商用烤箱的预热温度比烘烤温度高10~20℃即可，而家用烤箱的保温性较差，操作带来的热量损失大，所以会用更高的温度（280~300℃）预热，如果达不到，就用可设定的最高温度。因此，想要烘烤外皮脆硬的硬式面包，有一台能够提供高温（至少能达到250℃）的烤箱非常重要。为了让石板充分蓄能，预热时间要充足，一般需要30~60分钟，温度越高、石板越厚，预热时间越长。一定要提前计算好预热时间，不要让发酵好的面团为等待烤箱预热而不能入炉。

（2）入炉和烘烤

入炉 　　　　　　　烘烤

用手握平烤盘边缘（不要抓油布），利用惯性将面团连同油布一起滑送到石板上，紧接着向装有石子的烤盘里倒入一定量的开水，迅速关闭烤箱门，烘烤10分钟左右取出装有石子的烤盘，继续烘烤至完成。

> 操作中要注意防止烫伤，打开烤箱门时要防止被突然扑面而来的高温蒸汽烫到。

蓄满热能的石板持续释放热量保持炉内高温、增加面团的烤焙弹性，高温蒸汽将表皮酵母瞬间烫死，并在面团表面形成一层水化膜，以延缓结皮，让面团能够最大限度地膨胀。蒸汽要在面团入炉后立刻提供，如果拖延几分钟表面开始结皮，蒸汽就失去了意义。蒸汽量也不宜过多，否则会造成割口粘黏而影响爆开。蒸汽只在烘烤初期有意义，之后则需要降低湿度将表皮烤干以形成脆硬的外壳。

烘烤到位的硬式面包上色完美、表皮脆硬、拿在手里很轻，轻叩面包底部会发出清脆的声音，有空洞感。

锅壁厚、热熔度高的铸铁锅（把手等配件也要用耐高温的铸铁做成）也可以用来烘烤硬式面包。将铸铁锅加盖放入烤箱预热，预热完成后取出铸铁锅，再将面团放入铸铁锅，盖上盖子放回烤箱烘烤。面团烘烤时能够产生足量的蒸汽，在密闭的空间内形成高温、高湿的环境，等面团在入炉后的10~15分钟拿走盖子，继续完成烘烤。铸铁锅对烘烤面包的形状和数量有一定限制，适合一次烤一个大的面包。

硬式面包虽然不含糖，但烘烤后外皮能够呈现棕色，并散发出丰富迷人的香气，是美拉德反应很好的例子。美拉德反应所生成的称为类黑精的棕色芳香物质，能够帮助面包上色并具有迷人的风味。在硬式面包面团长时间的发酵过程中，酶充分作用释放出单糖、氨基酸等物质，为类黑精的产生提供了充足的原料，时间越长，分解越充分，一个经过4小时制作的面团烘烤后呈现金棕色，而低温长时间发酵的面团烘烤后甚至可以呈现棕红色。面包制作中，美拉德反应和焦糖化反应都存在，但美拉德反应才是面包产生颜色和风味的主要因素。

8. 食用和保存

刚出炉的硬式面包外壳脆硬，但放置2~3小时后就开始变软，这是因为干燥的表皮会吸收空气中的水汽，同时内部柔软组织的水分也向外蒸发被表皮吸收。如果想恢复原有的口感，在面包表面喷少量雾水，180℃烘烤3~5分钟至外壳变酥脆即可。

硬式面包在两天之内，可以装袋密封放室温保存，更长时间后食用，则需要冷冻保存，食用前在室温下放至回软后复烤即可。冷冻的面包建议尽量在2周内食用完，放置过久会丧失香气。

常见的面包制作方法

一 直接法

也称一次发酵法，是将所有制作面包的材料依次加入完成搅拌，再进行一次发酵的面包制作方法，是最简单也是最基本的面包制作方法。直接法的优点是步骤少、制作时间短，能最直接地体现出材料原有的风味，缺点是面团稳定性差、延展性稍弱，成品组织不够细腻、老化速度偏快。

1. 常温发酵法

常温发酵法是指面团的基础发酵在室温下进行的方法。由于水合以及熟成作用时间短，此类面团的膨胀力和保水性相对偏弱，制成的面包老化速度较快。

2. 隔夜冷藏发酵法

隔夜冷藏发酵法是把面团放入冰箱，在3~5℃的环境中冷藏12~16小时进行基础发酵的方法。第二天将面团置于室温下，待面温升至16℃再继续操作。低温使发酵速度减慢，在缓慢的发酵过程中面团能够更好地熟成，面包柔软湿润、风味好。冷藏发酵的另一个优点是可以将制作分段进行，而不用一次耗时太长。

冷藏发酵时要注意控制好面温和发酵温度，避免出现夏季发酵过度、冬季发酵不足的情况。

二 发酵种法

发酵种法是指将面粉、水和酵母等做面包的部分材料先制作成面团，经过充分的发酵后再和其他材料混合，从而完成面包制作的方法。常用的有中种法、老面法、液种法、天然酵母种法等。

1. 中种法

先将配方中的部分材料搅拌成中种面团，使其经过一段时间发酵，再和剩余材料混合搅拌成面团的面包制作方法。发酵好的中种面团具有丰富的面筋并充分熟成，添加中种可以缩短面团的搅拌和发酵时间，面团的耐机械操作性强、稳定性佳、膨胀力好，制作出的面包体积大、组织柔软有弹性、老化速度慢。

中种的使用比例为50%~100%。60%中种是指中种面粉量占配方总粉量的60%，70%中种是指中种面粉量占配方总粉量的70%，以此类推，100%就是把配方中的所有面粉用来制作中种。中种有多种材料搭配和配比方法，除了面粉、水和酵母以外，有的还会添加鸡蛋、盐、糖或奶粉等，不同配方的中种面团特性和风味有所不同。依据发酵温度可以分为常温中种和隔夜冷藏中种两种发酵方法。

（1）常温中种法

常温中种法是指中种面团的发酵在温暖的室温下完成的方法。这里介绍一种常温中种和直接法面团的基础换算方法。

直接法面团和 70% 常温中种面团的换算

中种面团面粉量 = 直接法总面粉量 ×70%

中种面团水量 = 中种面团面粉量 ×60%

中种面团酵母量 = 直接法酵母量 ×100%

从直接法配方中扣除中种面团所用的面粉、水以及酵母量，则为主面团的材料用量。

以下表为例：

材料（克）	直接法		70% 常温中种法			
	用量(克)	烘焙百分比（%）	中种（克）	烘焙百分比（%）	主面团（克）	烘焙百分比（%）
高筋面粉	500	100	350	70	150	30
水	300	60	210	42	90	18
蛋液	50	10	—	—	50	10
即发干酵母	5	1	5	1	—	—
细砂糖	40	8	—	—	40	8
盐	9	1.8	—	—	9	1.8
奶粉	10	2	—	—	10	2
黄油	50	10	—	—	50	10

（2）隔夜冷藏中种法（宵种法）

　　隔夜冷藏中种法是将中种面团放入冰箱，经过一晚的冷藏发酵制作而成的方法。隔夜冷藏中种通过使用较少的酵母量，经过长时间的发酵，面团的水合和熟成作用充分，制成的面包组织绵密湿润，具有发酵的香气。

　　隔夜冷藏中种在使用时间上也比较灵活，发酵完成的当天使用完即可。冷藏温度的中种面团在夏季使用还具有有效降低面温的作用。这里介绍一种隔夜冷藏中种和直接法面团的基础换算方法。

直接法面团和 60% 隔夜冷藏中种面团的换算

中种面团面粉量 = 直接法总面粉量 ×60%

中种面团水量 = 中种面团面粉量 ×60%

中种面团酵母量 = 直接法总面粉量 ×0.4%

从直接法配方中扣除中种面团所用的面粉、水以及酵母量，则为主面团的材料用量。

以下表为例：

材料（克）	直接法		60% 隔夜冷藏中种法			
	用量（克）	烘焙百分比（%）	中种（克）	烘焙百分比（%）	主面团（克）	烘焙百分比（%）
高筋面粉	500	100	300	60	200	40
水	300	60	180	36	120	24
蛋液	50	10	—	—	50	10
即发干酵母	5	1	2	0.4	3	0.6
细砂糖	40	8	—	—	40	8
盐	9	1.8	—	—	9	1.8
奶粉	10	2	—	—	10	2
黄油	50	10	—	—	50	10

添加了中种的面团完成搅拌，整理后松弛 10 分钟左右就可以进行分割、滚圆等后续操作。如果想让面团有更好的熟成，也可以进行基础发酵，中种所占比例越大，面团的发酵速度越快。含 60% 中种的面团基础发酵时间约为 40 分钟；含 70% 中种的面团发酵时间约为 30 分钟；含 80% 中种的面团发酵时间约为 20 分钟。

2. 老面法

面包制作中的老面，是指留取一部分基础发酵好的面团，再经过一夜冷藏发酵而成的发酵种。老面具有平稳的发酵能力，能够酝酿出甘甜和微酸的发酵风味。

3. 液种法

液种也称 Polish 种，因起源于波兰而得名。它是将配方中的部分面粉、水（与面粉等重）以及一定比例的酵母混合成面糊，再经过发酵制作成的发酵种。液种和中种有相似之处，但液种是以水为基底，而中种是以面粉为基底。

液种可以在常温下发酵，更多的是采用低温冷藏发酵。液种含水量高，在长时间的发酵过程中面粉充分吸水、酵素分解作用完全，添加了液种的面团发酵稳定、有良好的延展性，制成的面包柔软蓬松、不易老化，能很好地体现出面粉本身香甜的味道。

4. 天然酵母种法

我们所说的天然酵种是指自制酵母种。它是通过人为控制酵母菌的生长环境，让覆于谷物、果实等材料上的微量酵母菌大量繁殖，从而培养出含有高浓度酵母菌的发酵种。依据来源不同，有谷物种、果实种、优格种、酒种等。每一个天然酵种都不会完全相同，由不同的原料、不同的面粉和水喂养，做出的面包都有着自己独特的风味。

天然酵种里面除了酵母菌还含有大量的乳酸菌，乳酸菌的最大特色在于能够产生具有酸香味道的乳酸，它不仅可以丰富面包的味道层次，还具有抑制杂菌繁殖、为良性微生物提供适宜生长环境的作用。

使用天然酵种制作的面包保湿效果好、有浓郁的熟成和麦香味道，更健康也更易于消化，同时使面包不易发霉，保质期延长。

与商业酵母相比，天然酵种发酵缓慢，不具备短时间内大量繁殖产气的能力，如果仅用天然酵种制作面包，则会需要相当长的发酵时间，做出的面包体积小、组织扎实、酸味重，因此人们常会搭配一定量的商业酵母使用。法国规定的天然酵母面包标准为天然酵母面种用量在 30% 以上，酵母用量小于 0.2%。但照此标准做出的面包酸味浓重，难以适合大多数亚洲人的口味，因此我们适当减少天然酵种用量，增加商业酵母使用量，使制作出的面包所具有的微酸香风味更易被大多数人所接受。

（1）酸面种

酸面种是用面粉和水培养而成的发酵种，是制作欧式面包最常使用的发酵种，德国、俄罗斯等地区称其为酸面种（Sourdough），法文是 Levain，也称鲁邦种。酸面种有液态和固态两种培养方式，液态酸面种产生的酸味温和，能够很好地烘托出谷物本身的风味以及发酵的香气，含水量高、发酵速度快，喂养间隔时间较短；固态酸面种发酵风味浓郁、产生的酸味强烈而直接，含水量低、发酵速度慢，不需要频繁喂养。

（2）水果菌液

水果菌液是以新鲜水果或果干为材料，为附着在果皮上的酵母菌提供适宜生长繁殖的环境，从而得到含有高浓度酵母菌的液体。培养时虽然使用了砂糖，但大部分都被酵母菌所消耗，水果菌液柔和的甘甜与面团自然融合，与添加砂糖的甜味截然不同。

水果菌液有多种使用方法，可以直接加入主面团中，从而得到最具水果香气的面团，也可以用菌液做成中种、液种、老面，或者用面粉培养成水果酵母种等。

5. 浸泡液法

浸泡液法是把全麦粉、玉米粉等粗加工的谷物和水等液体混合，经过一晚的浸泡制作而成的方法。材料经过长时间的浸泡吸水，谷物中被活化的酶对大分子物质进行充分分解，从而起到软化谷物、增加酵母活性、帮助烘烤上色等作用，做出的面包柔软湿润、具有甘甜的风味。浸泡液尽管没有酵母菌的参与，但对于面包制作却有着重要的意义。

6. 汤种法

汤种法是将面粉和水混合后加热或者在面粉中加入热水，以通过加热的方式破坏淀粉链的结构，使淀粉糊化、吸水膨胀成为具有胶性面团的制作方法。汤种没有发酵作用的参与，不属于发酵种的范围。

汤种的极大吸水力可以提高面团的含水量，添加了汤种的面团延展性良好，制作出的面包柔软湿润，组织 Q 弹、化口性好。汤种可以单独添加在面团里，也可以和中种、老面等一起搭配使用。由于面粉中的蛋白质加热之后受到不可逆的损伤，因此汤种无法形成面筋，添加过多时会影响面团的膨胀。

预制作面团

一 中种

1. 常温中种

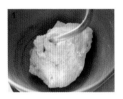   

① 将中种材料混合，搅拌至材料溶解、面团均匀成团，完成面温为 25℃（图 1）。

② 整理面团放入容器中，在温暖的室温（26~28℃）下进行发酵（图 2）。

③ 发至原体积的 3~4 倍大（图 3）。

④ 面团内部已形成大量的面筋（图 4），并带有乳酸的风味。

如果是 100% 中种，发至 2~3 倍大即可。中种只需要搅拌到面团均匀成团，因搅拌时间短，如果使用干酵母，要先用 5~6 倍量的水将其溶解后再使用。

2. 隔夜冷藏中种

① 将中种材料混合，搅拌至材料均匀成团，面团变柔滑，完成面温为 25℃（图 1）。

② 整理面团放入容器中（图 2），在室温下放置到体积增加接近 1 倍，然后放入 4~6℃的冰箱继续冷藏 14~18 小时。

③ 第二天发至接近 4 倍大（图 3）。

④ 面团内部有丰富的面筋，充满了纵横交织的网状结构（图 4），具有乳酸以及发酵熟成的香气。

中种面团搅拌至出现柔滑感即可,搅拌完成后要先在室温下放置一段时间,让酵母具有一定的活跃度后再放入冰箱冷藏。

冷藏中种要在室温下回温到16℃再使用,当室温偏高时可以不用回温或稍回温后使用。制作好的中种建议在当天用完,否则过多的酒精和酸性产物会破坏面筋。

如果中种冷藏发酵一晚后体积膨胀不够,可能的原因有搅拌完成的中种面温偏低、在室温下放置时间不够就移入冰箱冷藏、冷藏温度偏低等。

二 法国老面

制作法国面包时留取部分基础发酵好的面团,放入冰箱冷藏发酵一晚,第二天就成为老面,如果没有,可以单独制作。

材料	烘焙百分比（%）
法国 T55 粉	100
麦芽精	0.3
水	72
盐	2
低糖即发干酵母	0.5

做法：

① 将法国 T55 粉、水和麦芽精混匀成团,上面撒干酵母(图1),遮盖后在室温下静置30分钟。

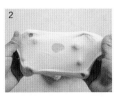

② 揉搓面团至酵母均匀溶解,加入盐,揉至完全溶解后,改用摔打折叠的方式,直到面团变得光滑有弹性,至可以延展出薄膜的扩展阶段(图2),完成的面温度为24℃。

机器搅拌方法可参考 p.213 传统法棍面团的搅拌。

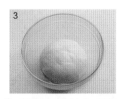

③ 整理面团放入容器内(图3)。

④ 在室温(24~26℃)下发酵60分钟(图4)。

⑤ 将面团倒出在操作台上，整理平整（图5），完成两次三折的翻面（图6、图7）。

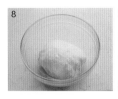

⑥ 将面团放入容器中（图8），在室温下继续发酵30分钟，然后移入4~6℃冰箱冷藏12小时以上。

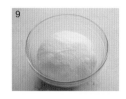
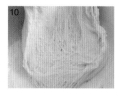

⑦ 发酵好的老面约为原体积的2倍大，有丰富的面筋并带有微酸的风味（图9、图10）。

> 老面24小时内使用效果最好，冷藏保存不宜超过3天。如果面团酸味很重或者底部出水，建议不要再使用。老面用量一般为10%~40%，当然也可以放得更多，老面放置时间越长，用量越不宜多，以防止主面团过酸。

三 液种

① 将液种材料混合，搅拌成均匀的面糊（图1），面温在25~27℃。

② 室温下放置2~3小时，待产生少量气泡（图2），再放入4~6℃的冰箱冷藏发酵16小时以上。

③ 发酵好的液种体积膨胀，内部充满气泡（图3）。

冷藏温度的液种要回温到16℃后使用，当室温偏高时为了方便控制面温，可以不用回温或稍回温后使用。液种在冷藏环境下可以保存1~2天，放置时间过长会造成酵种消耗过度而失去活性，同时使面筋瓦解而呈现无面筋状态，已不能使用。

四 酸面种

在没有商业酵母可以购买的年代,主妇们会在家里自己培养酵种用来制作面包。这种传承了数百年的传统面包制作方式,对她们而言是一件再普通不过的事情。现在虽然有了专门培养酵种的老窖机,使培养更加稳定而高效,但只要掌握方法,常观察、勤判断,在家中也一样可以培养出优良的天然酵种。

1. 液态酸面种的培养

起种用黑麦粉,培养用水可以用矿泉水或者将自来水煮沸放凉后使用。由于有些地区的自来水碱性较强,为了避免培养失败,这里统一使用矿泉水。续种用法国 T55 粉和自来水。

培养温度在 24~26℃较为适宜,温度过高容易引起杂菌滋生,温度过低则酵母菌不活跃生长缓慢,同样容易导致杂菌繁殖。

建议使用玻璃容器培养。将培养容器和使用工具清洗干净,用 75% 的酒精喷洒或放沸水中煮 5~8 分钟以进行消毒杀菌处理,捞出后晾干使用。

第一步(原种)

黑麦粉	40 克
常温水	50 克

黑麦粉和常温水放入容器中,混合并搅拌均匀(图1),室温下加盖静置 24 小时。冬季室温偏低时可以用 35℃温水。第二天的酵种没有明显变化或会略微长高一些(图2)。

第二步(第一次翻新)

酵种	40 克
法国 T55 粉	30 克
黑麦粉	10 克
水	36 克

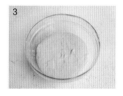

称取上一步的酵种、法国 T55 粉、黑麦粉和水,放入容器内混合并搅拌均匀(图3),室温下加盖静置 24 小时。静置期间有气泡产生,酵种有不同程度的膨胀。图 4 为酵种静置了 12 小时的状态。

如果酵种几乎没有长高,需要继续静置12~24 小时直至酵种膨胀,实际上在这一步没有长高的情况并不多见。

第三步(第二次翻新)

酵种	40 克
法国 T55 粉	40 克
水	40 克

称取上一步的酵种、法国 T55 粉和水，放入容器内混合并搅拌均匀（图 5），室温下加盖静置 24 小时。

静置期间会看到气泡明显增多，酵种可以长到原体积的 2 倍甚至更多，这时就可以进行下一步。图 6 为酵种静置了 12 小时的状态。

如果酵种 24 小时内连原体积的 1.5 倍都没有长到，说明酵母还未大量繁殖，需要继续静置 12~24 小时。

实际上第三天是个瓶颈期，常会遇到酵种忽然不长的情况，在后面部分（培养阶段的内环境变化）对此还会有讲述。

第四步（第三次翻新）

酵种	40 克
法国 T55 粉	40 克
水	40 克

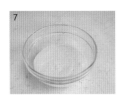
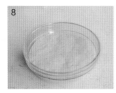

称取上一步的酵种、法国 T55 粉和水，放入容器内混合并搅拌均匀（图 7），室温下加盖静置 12 小时。酵母菌的活跃度越来越高，状态良好的酵种可以在 8 小时内膨胀到 2~4 倍大，膨胀速度越快、长得越高，酵

种活性越好。图 8 为酵种静置了 8 小时的状态。

酵种膨胀的速度以及高度受酵母菌活性、面粉、温度等多种因素影响，在正常培养条件下 8 小时内酵种可以膨胀到最高，且至少到 2 倍大就可以进行下一步。如果酵母菌活跃度不够、产气速度慢，8 小时内无法膨胀到最高或最高达不到 2 倍大，这样的酵种用来制作面包发酵速度会过于缓慢，同时酸性物质偏多，因此对于这样的酵种，需要继续喂养，直到活力充足后再进行下一步。

第五步（初种）

酵种	40 克
法国 T55 粉	40 克
水	40 克

称取上一步的酵种、法国 T55 粉和水，放入容器内混合并搅拌均匀，室温下加盖静置（图 9），直到酵种内部充满气泡（图 10）。这时初种已完成，放入 5℃的冰箱冷藏保存并在第二天续种。

续种

酵种	40 克
法国 T55 粉	40 克
水	40 克

酵种在室温下放置稍回温后再喂养。称取上一步的酵种、法国 T55 粉和水，放入容器内混合并搅拌均匀，室温下加盖静置（图11）。活跃而健康的酵种能够在 6~8 小时内膨胀到最高，且为原体积的 2~4 倍大，可以用来制作面包或放入冰箱冷藏保存（图12）。

2. 有关酵种的培养、使用及保存等问题

（1）培养用具的清洁和消毒

建议使用玻璃容器培养，培养容器的容量要够大，以便让内部存有一定量的空气，同时为酵种生长留出足够的空间。培养容器和工具要进行消毒处理，培养环境也要清洁干净，尤其在起种阶段，酵母菌数量较少，培养酵母其实就是培养细菌的过程，杂菌过多容易导致感染霉变，而培养好的酵种相对成熟稳定，因此续种使用的容器和工具用自来水清洗干净即可。

正常的酵种应该带有发酵的酸香味道。在任何阶段只要出现异味、表面变色、长毛发霉、变黏拉丝等现象，说明已经被杂菌感染，要立刻丢弃重新培养。

（2）面粉的选用

起种一般用黑麦粉或全麦粉，这些面粉中所含的酵母菌数量较多且营养物质丰富。不要使用深加工的面粉，由于面粉被过度加工而导致活性酵母菌的数量不足也是培养失败的常见原因之一。

续种可以使用法国面包粉、高筋面粉等，使用哪种面粉需要根据制作的面包种类而定。也可以继续使用黑麦粉或全麦粉续种，由于面粉的营养丰富，虽然可以加快培养速度，但也有助于杂菌生长，使用时要更加小心。无论起种还是续种，面粉一定要新鲜，并且不能加入过多的添加剂。

（3）酵种的内环境变化

天然酵种由多种菌种组成，成功培养出酵种，有两个要素：首先面粉中要有数量足够、活性良好的酵母菌，同时要有适宜酵母菌生长繁殖的环境。

培养酵种的关键时间在第 3~4 天，但第 3 天常会遇到酵种静悄悄的现象，所期盼长高很多的情形并未出现。实际上之前的长高未必是酵母菌所为，大多数情况下酵母菌在前两天尚未开始大量繁殖，而是处于积蓄能量的状态。有些书中曾有介绍，面粉内存在着包括明串珠菌等在内的多种细菌，在培养的前两天，明串珠菌繁殖活跃并释放出大量二氧化碳，使酵种长高，这常会让人误以为是酵母菌所为。据统计有 30%~40% 的酵种培养失败是由大量明串珠菌的出现造成的，而明串珠菌的存在与当季黑麦的产地和生长情况有关。

为了抑制明串珠菌的繁殖，有书曾介绍过在培养液中加入酸性果汁的方法。酸性环境可以有效地抑制明串珠菌的繁殖，但却恰恰是酵母菌所喜欢的，从而为酵母菌创造适宜的生长环境以提高培养的成功率。另外酸性环境在抑制明串珠菌的同时，也抑制了无处不在的杂菌，杂菌感染也是酵种培养失败

的主要原因之一，pH4.2~4.3 最适合杂菌繁殖，加入酸性果汁可以有效降低 pH，直接跳过杂菌容易繁殖的危险阶段，因此如果连续两次培养不成功，可以尝试加入酸性果汁的方法，我也曾试过，的确有效。

我加入酸性果汁的方法为：在培养的前两天，将 1/2 量的水替换成等重的新鲜柠檬汁（或新鲜橙汁），和其他材料混合搅拌均匀即可，第三天按常规方法培养。榨取酸性果汁时同样要注意清洁操作，使用工具要消毒。加入柠檬汁后的酵种 pH 明显降低，包括明串珠菌在内的细菌活动受到抑制，因此前两天可能会膨胀不明显，不过没有关系，第三天继续按步骤培养。

源于大自然的酵母菌有着自己的个性和特点，不同面粉的菌种组成不同，酵种繁殖快慢、产气产酸量也不会完全一样。培养时间仅作为参考，在没有达到预期状态时，酵种只要没有出现异味、变色、长毛、表面出水等杂菌感染的迹象，不要轻易放弃，请再多给它一些时间。

如果尝试了加入酸性果汁的方法，也给了足够的等待时间，酵种还是死气沉沉或者只有一些稀少的气泡，那就要丢弃重新培养。同样的失败经历了 2~3 次，就要考虑更换面粉。

（4）酵种的使用

要使用成熟的酵种制作面包，一般以体积达到 2 倍大为判断标准。考察酵种成熟可

用，还有一个简单而有效的方法：用勺子挖取一小块面团（图 1）置于水面上，如果面团内有足够的气体，可以漂浮在水面上（图 2），表明酵种已经成熟，这时的酸味也趋于温和，已经可以用来制作面包。

从此刻开始，随着时间的推移酵种成熟度越来越高，酸味也越来越浓郁。何时用来制作面包为最佳？这没有绝对的答案，我们可以参考膨胀程度，尝试使用不同膨胀状态的酵种制作面包并进行对比，随着经验的积累，逐渐熟悉酵种的发酵进程与风味特色间的关系，从而找到适合自己的使用方式。

如果有 pH 测试仪，可以通过测量 pH 对酵种进行更为精确的判断。刚续养完的酵种 pH 较高，之后随着酸性产物的增多 pH 慢慢下降，通常在  pH4.2~3.8 之间用来制作面包，这一范围内的酵种成熟稳定，酸味浓郁而温和。但这也并非绝对，对于喜欢具有浓郁酸香风味面包的人，pH 可以再适当降低，但一般不建议低于 3.6，否则酵种消耗过度，同时面包也会过酸。而对于难以接受酸味的人，pH 可以适当提高一些，但不建议高于 4.5，否则酵种的成熟度不够。

这里需要说明的是，酵种的膨胀度和 pH 代表的含义不同。膨胀度代表酵母菌的活性、产气能力，而 pH 表示的是酸性物质的浓度。因受材料、温度、菌种组成、活性等多种因素影响，二者之间不是固定的数字对应关系，但我们可以从两个不同的角度对酵种的状态加以判断。

（5）酵种的续养和保存

酵种是有生命的，不管常温还是冷藏保存，都要定时（按需）喂养，长时间不喂的酵种因饥饿过度，活性会变得很差，即使再喂养也难以恢复，同时原有的平衡被破坏，菌种组成会发生不可逆的变化，严重的还会有杂菌滋生。

成熟的酵种在室温下状态活跃，养分消耗很快，酵种膨胀到最高时就是养分消耗殆尽的时候，至此后的几小时内酵种仍可以保持良好的活性，之后就需要喂养了。酵种在常温下保存时一般每隔12小时喂养一次，通常采用酵种：面粉：水=1：1：1的比例，面粉和水始终等重，即为含水量100%的酵种，这样在计算酵种所含面粉和水的重量时会很方便。

续养比例并非一成不变，要根据酵种的活跃度进行灵活调整，例如夏季室温偏高，酵种代谢加快，不到6小时就能膨胀到最高，可以使用酵种：面粉：水=1：1.5：1.5或者1：2：2的比例续养。冬季室温偏低，酵种代谢缓慢，经12小时还未长到最高，可以用1：0.8：0.8甚至1：0.5：0.5的比例续养。

每次续养前，先计算好制作面包的酵种使用量和要保存的酵种量，称取适当的重量进行续养，多余的要丢弃，否则即使很少的酵种，如果按照比例不断喂养，最后的数量也会变得相当庞大。

酵种在室温下代谢活跃，喂养间隔时间短，而在冷藏环境中活动减缓，不用频繁喂养，随时取用也十分方便。当酵种长到2倍大、有气泡冒出时可以放入冰箱冷藏保存，5~7天后需要续养，也可以再晚些放入冰箱冷藏，当然喂养间隔也要相应缩短。我们也可以通过测量酵种酸度进行更精确的判断，一般会等到pH降至4.2时放入冰箱冷藏。冷藏温度下pH大约每天下降0.1，当降到3.6时就需要喂养了。

（6）酵种的苏醒

酵母菌在低温环境中处于休眠状态，把长时间冷藏的酵种直接加入面团中，发酵能力会很差同时酸度也偏高，所以使用前要帮助它重新焕发活力。即使不使用，长期冷藏的酵种也要定期取出喂养以保证它能够保持良好的活性，防止休眠时间过长导致活力无法恢复。

酵种冷藏时间越长休眠程度越深，需要恢复活性的时间也越长。冷藏3天以内的酵种在室温下回温后就可以使用，冷藏4~5天的要喂养1~2次，冷藏6~7天的酵种喂养次数还要增加，具体喂养次数还要结合酵种的实际状态，以恢复活性为原则。而冷藏超过7天会比较危险，酵种因休眠时间过长，可能即使多次喂养也无法恢复以往的活力。

（7）续种、接种和混种

如果我们有了一个酵种，可以用相同的面粉持续喂养，也可以通过改变培养环境或者和不同的酵种混合的方法，从而得到一个风味不同的新酵种。

续种：原有的酸面种 + 相同的面粉 → 原有的酸面种。

接种：原有的酸面种 + 不同的面粉 → 新的酸面种。

混种：把两个不同的酸面种等比例混合，里面的菌群会建立新的平衡，从而得到一个新的酸面种。

原有的酸面种 1 ↘
形成新的内环境 → 新的酸面种 3
原有的酸面种 2 ↗

酵种是有生命的，它的内环境平衡处于不断的动态变化中，我们可以灵活运用，加以变化，培养出具有自己特色风味的酸面种，这也正是天然酵种独特而又迷人的地方。

3. 液态酸面种转化成固态酸面种

液态酸面种转换为含水量 60% 的固态酸面种

含水量为 100% 的液态酸面种	20 克
水	20 克
法国 T55 粉	40 克

称取以上材料，放入容器内混合并揉均匀（图 1），24~26℃室温下加盖静置 12 小时，酵种可以膨胀到原体积的 2~4 倍大（图 2）。

固态酸面种续养

含水量为 60% 的固态酸面种	20 克
水	24 克
法国 T55 粉	40 克

按照以上比例续养，酵种始终保持 60% 的含水量。称取以上材料，放入容器内混合

并揉均匀，室温下加盖静置 12 小时。酵种能够在 8~12 小时内膨胀到原体积的 2~4 倍大。

刚转换完的酵种需要续养几次才能完成酸味的替换并逐渐稳定下来，可以用来制作面包。如果放入冰箱冷藏，则能够保存大约 2 周的时间。冷藏的酵种需要定期取出，喂养到活力恢复再用来制作面包或者继续冷藏保存。

4. 长时间外出情况下的保存

（1）冷藏液态酵种

液态酵种喂养后膨胀到 1.5~2 倍大放入冰箱冷藏，能够保存 1~2 周的时间。虽然冷藏 7 天是比较安全的范围，但酵种一旦成熟也没有那么脆弱，但这也只能偶尔为之，经常长期不喂的酵种活性会越来越弱。外出回来之后至少要喂养 3 天，前 2~3 次喂养时可以加入少量麦芽精或将部分面粉替换成黑麦粉，酵种的活性开始会比较弱，之后会慢慢恢复。

（2）冷藏固态酵种

固态酵种的含水量低，微生物活动速度减慢，不仅可以延长续养时间，还不易有杂菌滋生。将液态酸面种转化成固态酸面种，膨胀到 1.5~2 倍大后放入冰箱冷藏，可以保存 1 个月。回来后按照液态酸面种的比例喂养，直到活力恢复并稳定后再使用。

（3）制成粉末

把成熟的液态酵种在油纸上涂抹成薄片（p.41 图 1），放在洁净、通风良好的环境中大约 1 天的时间，使其自然干燥以除去酵种中的水分，让发酵菌处于休眠状态。当酵种完全干燥、成脆硬状态时（p.41 图 2），取下并研磨成粉末，装袋密封后放入冰箱冷

藏，至少可以保存 1 年的时间，外出携带也非常方便。因夏季容易被杂菌污染，这种方法建议在秋冬季使用。和前两种保存方式相比，通过这种方式保存的酵种活性偏弱，需要多喂养几次才能恢复活力。

 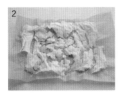

五 葡萄种

葡萄干因容易购买获得，培养出的酵母菌发酵力强而稳定、适用性广，是培养水果酵种常用的材料。

水果起种是先用液体培养成水果菌液，然后再和面粉混合培养成水果种，这与谷物起种的方式不同。

1. 葡萄菌液的培养

材料：选取没有过度加工的有机葡萄干。加工过度的葡萄干表面酵母菌数量太少，不适合用作培养酵母菌的材料。

培养温度：26~28℃。

用具：建议使用玻璃容器。将培养容器清洗干净，用 75% 的酒精喷洒或放沸水中煮 5~8 分钟以进行消毒杀菌处理，捞出后晾干使用。

（1）培养方法

第 1 天

葡萄干	100 克
30℃温开水	200 克
砂糖	40 克

瓶中倒入 30℃温开水，加入砂糖，摇动瓶身至糖完全溶解，放入葡萄干摇动瓶身使材料混合均匀，加盖静置 24 小时（图 1）。因为酵母菌会呼吸产气，所以瓶盖始终不要拧紧。

第 2 天

葡萄干吸水膨胀，慢慢浮起（图 2、图 3）。打开瓶盖，闻上去是香甜的葡萄干水味道，轻轻摇晃瓶身，让瓶里的气体排出，新鲜空气进入，同时让内部物质重新分布，然后继续加盖静置 24 小时。

从第二天开始每天都要换气 2~3 次，打开瓶盖，摇晃瓶身 20~30 下，然后继续静置。

第 3 天

液体散发出浓郁的香气，葡萄干鼓胀饱满、上浮飘起，液体变得有些浑浊并开始产生小气泡，随着时间的推移气泡越来越多（图 4、图 5）。

第4~5天

葡萄干全部漂浮在上面，液体变浑浊，葡萄干上附着大量密集的气泡，打开瓶盖可以听到"啵啵"的声响，晃动瓶身气泡碎裂消失，静置一会儿又逐渐产生增多，液体散发出香甜的葡萄酒般的香气，此时葡萄菌液已经培养完成（图6、图7）。

用消毒过的纱布或滤网将液体滤出到已消毒的容器中。过滤出的葡萄菌液呈褐色、略显浑浊（图8）。葡萄菌液一旦培养完成，即使不用也要过滤出来冷藏保存，如果在室温下继续放置，会因消耗过度造成酵母活性下降，气泡也会逐渐变小、变少。过滤出的果肉可以稍压碎，加入等重的糖拌匀，第二天将产生的液体挤压过滤出来，就是浓缩的葡萄酵母液。余下果肉中的营养物质已经留在葡萄菌液中，建议丢弃，不要再食用。如果想继续培养葡萄菌液，用过的瓶子不用清洗，可以直接使用，培养时间能够缩短1~2天。

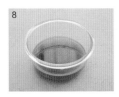

要将暂时不用的葡萄菌液放在4~6℃的冰箱冷藏保存，每天要打开瓶盖换气1次，超过3天酵母菌的活性会逐渐减弱，建议放置时间不要超过7天。冷藏期间要注意检查菌水状态，如果有明显的酒精味儿，说明养料已经消耗完，需要及时续养。

葡萄菌液的续养

葡萄菌水	100克
水（煮沸后放凉）	300克
糖	80克

称取以上材料，混合搅拌均匀，室温下放置24~48小时，直到有较多的气泡产生。

（2）有关培养的一些问题

葡萄干一般不用清洗，表面有油、有蜡也没有关系，除非有很多土比较脏，需要用清水冲洗干净。酵母菌附着在葡萄干表面，洗太多次无疑会减少酵母菌的数量，所以要尽量选购干净的葡萄干。

在培养液中加糖是为了供给酵母营养以促进其生长繁殖，同时也起到抑菌的作用。糖量要在一个适宜的范围，浓度高则渗透压增加，会影响酵母的活性，而浓度低则酵母的生长缓慢。

培养葡萄菌液的适宜温度为26~28℃，温度高容易有杂菌滋生，温度低酵母繁殖速度过于缓慢，同样容易滋生杂菌，冬季和夏季培养失败的大多数原因都是培养温度不适宜。在培养的任何阶段，培养液只要出现异味或长毛、霉变等都要丢弃重新培养。

培养液最多为容器的七分满，使容器内部存有一定量的空气供酵母使用，当酵母消耗完氧气后，会进行无氧呼吸产生酒精和二氧化碳，酒精有抑制杂菌的作用，而大量的二氧化碳会使容器内部压力增大，因此不要拧紧瓶盖，也可以用保鲜膜蒙住瓶口再用牙签在上面戳几个小洞。培养期间每天要打开瓶盖、摇晃瓶身 2~3 次，给酵母换气同时还可以让内部物质分布得更加均匀。

葡萄菌液的培养时间一般为 4~5 天，由于季节、葡萄干质量、培养条件等差异，培养时间可能会有所不同，快的可能只需 3~4 天，慢的可以长达 7 天。如果几天过去还是悄无声息，那就要考虑更换葡萄干重新培养了。

2. 葡萄种的培养

材料：葡萄菌液、法国 T55 粉、自来水（煮沸放凉）。

培养温度：24~26℃。

用具：培养容器和使用工具清洗干净，用酒精喷洒或放沸水中煮 5~8 分钟以进行消毒杀菌处理，捞出后晾干使用。

第一步

葡萄菌液	100 克
法国 T55 粉	80 克

称取葡萄菌液和法国 T55 粉，放入容器内混合，搅拌成均匀的稠糊状（图9），加盖静置 24 小时。活力良好的酵种很快就会有气泡产生并开始长高。图 10 为酵种静置了 10 小时的状态，图 11 为静置了 24 小时的状态。

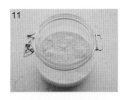

第二步

葡萄种	60 克
水	60 克
法国 T55 粉	60 克

称取上一步的酵种、水和法国 T55 粉，放入容器内混合并搅拌均匀（图12），加盖静置 24 小时。静置期间酵种可以长到原体积的 2 倍或更大。图 13 为酵种静置了 24 小时的状态。

第三步

葡萄种	60 克
水	60 克
法国 T55 粉	60 克

称取上一步的酵种、水和法国 T55 粉，放入容器内混合并搅拌均匀（14），加盖静置 12 小时。静置期间酵种可以膨胀到最高，且至少为原体积的 2 倍。图 15、图 16 为酵种静置了 12 小时的状态。如果酵种在 12 小时内没能长到最高，仍要 24 小时喂养一次。

第四步

葡萄种	60 克
水	60 克
法国 T55 粉	60 克

　　称取上一步的酵种、法国 T55 粉和水，放入容器内混合并搅拌均匀（图 17），加盖静置。酵种可以在 6~8 小时内膨胀到最高（图 18），且至少为原体积的 2 倍大，状态活跃而健康，可以用来制作面包。如果酵种活力不足，要继续喂养到状态活跃再使用。

　　葡萄种非常适合用于添加果干的面包制作，它表现活跃并且能够更好地衬托出水果的风味。它的使用、保存、续养等可以参考液态酸面种部分。

六　浸泡液

　　将浸泡材料和水放入容器内混合，搅拌均匀（图 1），加盖密封放入冰箱冷藏一晚，第二天使用（图 2）。

七　汤种

材料：面粉、热水（和面粉等重）。

①　将水煮沸，称取需要的重量。

②　将称好的热水倒入面粉中，不断搅拌至混合均匀（图 3），上面加盖保鲜膜，在室温下放凉后放入冰箱冷藏一晚，第二天使用（图 4）。

　　汤种在冰箱冷藏一晚后使用效果最好。刚做好的汤种会产生糊化淀粉颗粒，不容易搅散，面团经过一晚水解，第二天会容易搅拌均匀。如果时间不允许，在室温下放 1~2 小时后再使用。汤种的冷藏时间不宜超过两天。由于有制作损耗，材料总重量不可能等于制作好的汤种重量，所以要多做一些。

　　制作面包时的汤种用量一般为 5%~20%，因为汤种的蛋白质已被破坏，因此无法形成面筋，添加越多，面团的筋度越弱，做出的面包虽柔软湿润，但不够蓬松。

第一章　PART 1

软式面包

· SOFT BREAD ·

平安果

■ 材料

面团

A 高筋面粉······················240 克

即发干酵母························3 克

细砂糖·························40 克

盐·····························3 克

奶粉·························10 克

B 全蛋液·························25 克

水·························132 克

C 黄油·························25 克

馅料

红苹果 1 个

肉桂糖粉：红糖 80 克、肉桂粉 7 克

表面用

黑芝麻碎、蛋液适量

参考数量

8 个

■ 做法

1 将除黄油以外的面团材料混合，搅拌至面团卷起有弹性、拉长不易断，可以延展出稍薄的面筋薄膜（图1），加入黄油，继续搅拌到完全阶段（图2）。

2 将面团整理平整放入容器中，在室温（25~28℃）下进行基础发酵（图3），发至原体积的2~2.5倍大（图4）。

3 将面团滚圆后松弛20分钟（图5）。

4 将红苹果洗净后切开去核，先纵切成均匀的薄片，再横切成两半。将红糖和肉桂粉混匀成肉桂糖粉（图6）。

5 将面团擀成直径约为32厘米的圆形（图7）。

6 用利刀将面团切成8等份，再在每份面团的前端划三道口，顶端留出不要切断（图8）。

7 在面团底部分别对称摆放2~3片苹果片，再在苹果片上撒适量肉桂糖粉（图9）。

8 将面团顶端拉起翻折，并超出面团外缘（图10）。超出部分下折，压在面团底部。压住的部分不要太短，否则膨胀时容易爆出来。

9 将整形好的面团摆放在烤盘上，在温暖湿润（32℃）的环境中进行最后发酵（图11）。

10 最后发酵结束，在面团表面薄刷蛋液，撒适量黑芝麻碎（图12）。放入预热好的烤箱中层，上、下火180℃烘烤15分钟。

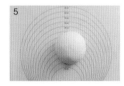

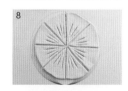
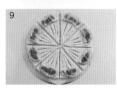

蛋黄炼乳排包

■ 材料

面团

A 高筋面粉·····················260 克

　低筋面粉·····················40 克

　细砂糖·······················45 克

　盐···························3.5 克

　即发干酵母···················2.5 克

B 蛋黄液·······················30 克

　炼乳·························15 克

　水···························160 克

C 黄油·························30 克

抹馅

蛋黄 1 个、炼乳 10 克

表面用

黄油适量

参考数量

深烤盘（33 厘米 x22 厘米 x5.5 厘米）1 盘

■ 做法

1　将除黄油以外的面团材料混合，搅拌至面团卷起有弹性、拉长不易断，可以延展出稍薄的面筋薄膜，加入黄油，继续搅拌到完全阶段。

2　将面团整理平整放入容器中，在室温（25~28℃）下基础发酵 30 分钟（图 1），再放入 4℃冰箱冷藏 12 小时。

3　发酵好的面团约为原体积的 2 倍大，在室温下回温至 16℃（图 2）。

4　将面团排气滚圆，松弛 20 分钟。

5　将面团擀开成边长为 20 厘米 x40 厘米的长方形（图 3），在表面均匀刷一层蛋黄炼乳混合液（图 4）。

6　用利刀将面团均切成 14 份（图 5），每两条一组，将抹有蛋黄炼乳混合液的一面相对，叠放在一起（图 6）。

7　先将上半部分螺旋拧 3 圈（图 7），再将下半部分向相反方向拧 3 圈。不要有向外抽拉面团的动作，否则会被拉长。

8　将整形好的面团摆放在烤盘里，在温暖湿润（32℃）的环境中进行最后发酵（图 8）。

9　最后发酵结束，放入预热好的烤箱中下层，上、下火 180℃烘烤 20 分钟。

10　出炉后立刻脱模，趁热在表面刷适量软化的黄油。

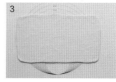

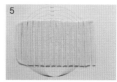
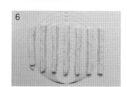

咖啡奶酪包

■ 材料 ━━━━━━━━━

面团

A 高筋面粉	300 克
细砂糖	45 克
盐	4 克
奶粉	10 克
速溶咖啡	10 克
汤种	50 克
即发干酵母	4 克
B 全蛋液	70 克
水	125 克
C 黄油	25 克

奶酪馅

马斯卡彭奶酪 400 克、糖粉 35 克、全脂奶粉 70 克、动物性鲜奶油 20 克

表面用

黄油、核桃仁、糖粉适量

参考数量

5 个

■ 做法

1 将除黄油以外的面团材料混合，搅拌至面团卷起有弹性、拉长不易断，可以延展出稍薄的面筋薄膜，加入黄油，继续搅拌到完全阶段。将面团整理平整放入容器中，在室温（25~28℃）下进行基础发酵（图 1）。

2 发至原体积的 2~2.5 倍大（图 2）。

3 将面团平均分成 5 份，约 125 克/个，滚圆后松弛 20 分钟（图 3）。

4 将面团正面在上，稍压扁，擀成椭圆形（图 4），翻面（图 5），由上向下卷成卷，捏紧边缘接缝处（图 6）。余下的面团依次操作完。

5 将面团搓至约 30 厘米长，并将两端稍搓尖（图 7）。

6 将整形好的面团摆放在烤盘上，在温暖湿润（32℃）的环境中进行最后发酵（图 8）。

7 最后发酵结束，用利刀在面团表面划横口（图 9）。

8 放入预热好的烤箱中层，上、下火 180℃烘烤 18 分钟。出炉后趁热在表面刷适量软化的黄油。

9 面包放凉后，从中间纵向剖开，底部不切断。两侧切面涂抹适量奶酪馅，中间间隔摆放 4~5 瓣核桃仁，最后在表面筛适量糖粉（图 10）。

奶酪馅

将糖粉和全脂奶粉加入马斯卡彭奶酪中，用打蛋器搅打均匀后加入冷藏温度的动物性鲜奶油继续搅拌，不需要打发，搅拌至均匀顺滑的状态即可。放入冰箱冷藏备用。

> 提示：
> 割口前将面团置于室温下 3~5 分钟，稍晾干皮，让表皮微微干燥会比较好割开。割口时的动作要轻而快，以防止面团泄气。

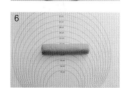
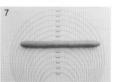

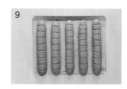

流心豆沙包

■ 材料

面团

A 高筋面粉··············· 265 克
  细砂糖················· 40 克
  盐··················· 3.5 克
  即发干酵母············· 2.5 克
B 全蛋液················ 30 克
  水·················· 145 克
C 黄油·················· 26 克

馅料

豆沙馅：红豆沙适量

奶油馅：黄油 250 克、炼乳 100 克、奶粉
70 克

表面用

蛋液、黑芝麻粒适量

参考数量

8 个

■ 做法

1 将除黄油以外的面团材料混合，搅拌至面团卷
起有弹性、拉长不易断，可延展出稍薄的面筋
薄膜，加入黄油，继续搅拌到完全阶段（图
1）。将面团整理平整放入容器中，在室温
（25~28℃）下进行基础发酵（图2）。

2 发至原体积的2~2.5倍大（图3）。

3 将面团平均分成8份，约60克/个，滚圆后松弛15
分钟（图4）。

4 让面团正面在上，稍压扁，擀成圆形（图5），
翻面，放入适量豆沙馅，将馅料包起，捏紧收口
（图6）。

5 将面团摆放在烤盘上，在温暖湿润（32℃）的环
境中进行最后发酵（图7）。

6 最后发酵结束，面团表面薄刷蛋液，顶部撒黑芝
麻粒做装饰（图8）。

7 放入预热好的烤箱中层，上、下火180℃烘烤16

分钟（图9）。出炉后在晾网上放凉。

8 将奶油馅装入前端带有长头裱花嘴的裱花袋里，
裱花嘴从面包顶部中点扎入，感觉到有突破感则
表示已经扎透面包层（图10）。挤入奶油馅，
直到看见扎孔处有馅将要冒出，拔出裱花嘴，轻
轻抹去表面多余的奶油馅。

> 提示：
> 豆沙馅中含有水分，烘烤时会在馅的上方和面团之
> 间产生空隙，将奶油馅挤在形成的空隙处。

奶油馅

将黄油放室温下软化，用蛋抽搅拌至顺滑，加
入炼乳和奶粉混合均匀。

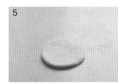

黄桃乳酪

■ 材料

面团

A 高筋面粉······················210 克

　细砂糖······················· 30 克

　盐··························· 3 克

　奶粉·························· 8 克

　即发干酵母···················· 2 克

B 全蛋液······················ 30 克

　水························· 110 克

C 黄油························ 20 克

乳酪馅

奶油奶酪 50 克、动物性鲜奶油 30 克

表面用

大块黄桃（罐头装）、蛋液、粗粒糖适量

参考数量

汉堡模（直径约 9 厘米）7 个

■ 做法

1　乳酪馅：奶油奶酪用蛋抽搅打顺滑，加入动物性鲜奶油搅拌均匀。

2　将除黄油以外的面团材料混合，搅拌至面团卷起有弹性、拉长不易断，可延展出稍薄的面筋薄膜，加入黄油，继续搅拌到完全阶段。

3　将面团整理平整放入容器中，在室温（25~28℃）下进行基础发酵（图 1）。

4　发至原体积的 2~2.5 倍大（图 2）。

5　将面团平均分成 7 份，约 56 克 / 个，滚圆后松弛 20 分钟（图 3）。

6　让面团正面在上，稍压扁（图 4），翻面，擀成中间厚四周稍薄的圆形（图 5）。

7　在上、下、左、右的位置切 4 个切口（图 6）。

8　先提起一片向内翻折（图 7），接着提起相邻的一片向内折并与前一片部分重叠，将外侧的一角压在面团底部（图 8）。用同样的方法依次操作第 3 片（图 9）和第 4 片。

9　将整形好的面团放入模具内，在温暖湿润（32℃）的环境中进行最后发酵（图 10）。

10　最后发酵结束，中间部分先放适量乳酪馅（图 11），再放一块沥过水的黄桃，并将黄桃稍向下压。最后在面团外圈薄刷蛋液，撒适量粗粒糖（图 12）。

11　放入预热好的烤箱中层，上、下火 180℃烘烤 16 分钟。出炉后立刻脱模。

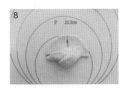

糯米金瓜

■ 材料

面团

A 高筋面粉·····················205 克
全麦粉······················· 35 克
细砂糖······················· 35 克
盐···························· 3 克
奶粉························· 10 克
即发干酵母··················· 3 克
南瓜泥······················ 70 克
B 全蛋液····················· 25 克
水························· 80 克
C 黄油······················· 25 克

糯米馅

蒸熟的红糯米、蜜红豆适量

表面用

黄油、棒状饼干适量

参考数量

8 个

■ 做法

1 将南瓜去皮切块，蒸熟后碾压成泥，放凉使用。

2 糯米馅：红糯米加适量水蒸熟，出锅后趁热用筷子打散，加适量蜜红豆拌均匀（如果喜欢，可以再加一小勺糖桂花调味）。放凉后称取 50 克 / 个，共 8 个，滚揉成圆球备用（图 1）。

3 将除黄油以外的面团材料混合，搅拌至面团卷起有弹性、拉长不易断，可延展出稍薄的面筋薄膜，加入黄油，继续搅拌到完全阶段。将面团整理平整放入容器中，在室温（25~28℃）下进行基础发酵（图 2）。

4 发至原体积的 2~2.5 倍大（图 3）。

5 将面团均分成 8 份，约 58 克 / 个，滚圆后松弛 20 分钟（图 4）。

6 将面团擀成圆形，翻面，中间放糯米馅（图 5），包好，捏紧收口。

7 包好的面团收口向下放置（图 6），粗棉线上抹少许黄油，用棉线将面团均匀地交叉缠绑（图 7）。线要绑得松一些，为面团膨胀留出一定空间。

8 将整形好的面团摆放在烤盘上，在温暖湿润（32℃）的环境中进行最后发酵（图 8）。

9 最后发酵结束（图 9），放入预热好的烤箱中层，上、下火 180℃烘烤 16 分钟。

10 出炉后趁热在表面刷适量软化的黄油，放凉后将棉线取下。把细长的棒状饼干掰成段，从面包顶部插入（图 10）。

> 提示：
> 1. 南瓜泥含水量不同，面团的实际用水量可能会有较大差异，要根据面团干湿度灵活掌握。
> 2. 绑线时动作要迅速，否则最后一个面团绑完时，之前绑完的面团已经发酵到一定程度，导致各面团发酵速度不一致。
> 3. 棉线从面包上取下时，可以用剪刀从面包底部把线全部剪断，再从顶部将线抽出来，这样既省时间还不会破坏面包外观。

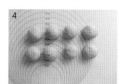

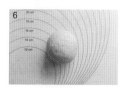
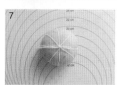

苹果肉桂卷

■ 材料

面团

A 高筋面粉 · · · · · · · · · · · · · · · · · · · 380 克

　 细砂糖 · 60 克

　 盐 · 5 克

　 奶粉 · 15 克

　 即发干酵母 · · · · · · · · · · · · · · · · · · 5 克

B 全蛋液 · 55 克

　 蛋黄液 · 15 克

　 水 · 190 克

C 黄油 · 45 克

馅料

葡萄干 120 克、朗姆酒（泡葡萄干用）25 克；中等大小苹果 2 个、黄油（炒苹果用）30 克；红糖 80 克、肉桂粉 7 克

表面用

黄油适量

参考数量

方烤盘（23 厘米 x23 厘米 x6.8 厘米）1 盘

■ 做法

1　将葡萄干洗净沥干水分，加朗姆酒混合均匀，再密封浸泡一晚后使用。

2　苹果去皮切丁。锅内放少量黄油，小火加热至黄油熔化，放入苹果丁翻炒至八分软，关火，放凉待用（图1）。

3　红糖和肉桂粉混匀成肉桂糖粉。

4　将除黄油以外的面团材料混合，搅拌至面团卷起有弹性、拉长不易断，可延展出稍薄的面筋薄膜，加入黄油，继续搅拌到完全阶段。将面团整理平整放入容器中，在室温（25~28℃）下进行基础发酵（图2）。

5　发至原体积的2~2.5倍大（图3）。

6　将面团平均分成2份，滚圆，放入冰箱冷藏25分

钟（图4）。

7　将面团压扁，擀成边长为44厘米x24厘米的长方形（图5）。先在表面撒适量肉桂糖粉，底部边缘部分留出不撒，再铺放泡过酒的葡萄干和炒过的苹果丁（图6）。

8　将面团由上向下卷成卷，捏紧边缘接缝处（图7）。用牙线将面团切割成8等份（图8）。另一份面团同样操作。

9　将切好的面团切面向上，4个一排竖着摆放在烤盘内，在温暖湿润（30℃）的环境中进行最后发酵（图9）。

10　最后发酵结束（图10），放入预热好的烤箱中下层，上、下火180℃烘烤25分钟。出炉后立刻脱模，趁热在表面刷适量软化的黄油。

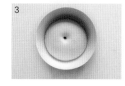

黑芝麻奶酥排包

■ 材料

面团

A 高筋面粉······················380 克

   细砂糖························50 克

   盐····························5 克

   奶粉··························15 克

   奶油奶酪······················40 克

   即发干酵母····················4 克

B 全蛋液······················40 克

   蜂蜜··························15 克

   水··························195 克

C 黄油························35 克

黑芝麻奶酥馅

黄油 120 克、糖粉 40 克、全蛋液 40 克、奶粉 65 克、黑芝麻粉 65 克、黑芝麻碎 15 克、玉米淀粉 12 克

表面用

黑芝麻粉、黑芝麻碎、高筋面粉适量

参考数量

方烤盘（23 厘米 x23 厘米 x6.8 厘米）1 盘

■ 做法

1 将除黄油以外的面团材料混合，搅拌至面团卷起有弹性、拉长不易断，可以延展出稍薄的面筋薄膜，加入黄油，继续搅拌到完全阶段。将面团整理平展放入容器中，在室温（25~28℃）下进行基础发酵（图 1）。

2 发至原体积的 2~2.5 倍大（图 2）。

3 将面团平均分成 9 份，滚圆后松弛 20 分钟（图 3）。

4 将面团稍压扁，擀开成边长为 25 厘米 x10 厘米的长方形（图 4），翻面，横放，上面 2/3 部分抹适量黑芝麻奶酥馅，两侧和底部边缘留出不抹（图 5）。

5 将面团由上向下卷成卷，捏紧两端收口和底部接缝处（图 6）。余下的面团同样操作。

6 将面团搓至约 34 厘米长（图 7），3 个一组呈扇形摆放（图 8），按三股辫编法编结成三股辫（图 9），捏紧两端收口（图 10）。

7 黑芝麻粉和黑芝麻碎混合均匀，将编好的面团一面向下放在里面，使表面粘满黑芝麻粉混合物。将面团排放在烤盘里，在温暖湿润（28℃）的环境中进行最后发酵（图 11）。

8 最后发酵结束（图 12），面团表面筛薄粉，放入预热好的烤箱中下层，上、下火 180℃ 烘烤 25 分钟。出炉后立刻脱模。

黑芝麻奶酥馅

黄油放室温下软化，加入糖粉，用打蛋器搅打至均匀蓬松的状态。分次加入常温全蛋液，每次都要搅打至完全吸收后再加下一次，直到全部加完。最后加入奶粉、黑芝麻粉、黑芝麻碎和玉米淀粉，用刮刀翻拌均匀。

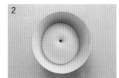
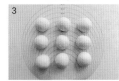

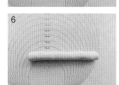
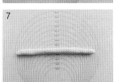

伯爵杏仁乳酪卷

■ 材料

面团

A 高筋面粉	· ·	375 克
细砂糖	· · · · · · · · · · · · · · · · · · ·	45 克
盐	· ·	5 克
奶粉	· · · · · · · · · · · · · · · · · · · ·	15 克
即发干酵母	· · · · · · · · · · · · · · · · ·	4 克
B 全蛋液	· · · · · · · · · · · · · · · · · · ·	35 克
蜂蜜	· · · · · · · · · · · · · · · · · · · ·	15 克
水	· ·	208 克
C 黄油	· ·	40 克
D 伯爵红茶碎	· · · · · · · · · · · · · · · ·	6 克

杏仁乳酪馅

奶油奶酪 200 克、蜂蜜 20 克、动物性鲜奶油 20 克、大杏仁粉 50 克

表面用

高筋面粉适量

参考数量

方烤盘（23 厘米 x23 厘米 x6.8 厘米）1 盘

■ 做法

1 将除黄油、伯爵红茶碎以外的面团材料混合，搅拌至面团卷起有弹性、拉长不易断，可以延展出稍薄的面筋薄膜，加入黄油，继续搅拌到接近完全阶段（图1），最后加入伯爵红茶碎搅拌均匀。将面团整理平整放入容器中，在室温（25~28℃）下进行基础发酵（图2）。

2 发至原体积的2~2.5倍大（图3）。

3 将面团平均分成3份，滚圆后放入冰箱冷藏松弛25分钟（图4）。

4 将面团稍压扁，擀成边长为15厘米x32厘米的长方形，翻面，横放，表面抹杏仁乳酪馅，两侧和底部边缘部分留出不抹（图5）。

5 将面团由上向下卷成卷，捏紧两端和边缘接缝处（图6）。余下的面团同样操作。

6 用利刀将面团纵切成两半，留出一端不切断（图7）。以螺旋交叉的方式将面团拧好，捏紧尾端收口（图8）。

7 将整形好的面团排放在烤盘内，在温暖湿润（32℃）的环境中进行最后发酵（图9）。

8 最后发酵结束，面团表面筛薄粉（图10），放入预热好的烤箱中下层，上、下火180℃烘烤25分钟。出炉后立刻脱模。

杏仁乳酪馅

将动物性鲜奶油和蜂蜜加入奶油奶酪中搅拌均匀，再加入大杏仁粉拌匀即可。

> 提示：
> 这里使用的是伯爵红茶碎，在面团中有颗粒感，而不是粉末状的红茶粉。可以直接购买，也可以将伯爵红茶捣碎后使用。

椰蓉奶酥

■ 材料

面团

A 高筋面粉·····················330 克
　细砂糖······················45 克
　盐···························4 克
　即发干酵母···················4 克
　汤种·························60 克
B 炼乳·························10 克
　全蛋液·······················40 克
　鲜奶························180 克
C 黄油·························35 克

椰蓉奶酥馅

黄油 80 克、糖粉 50 克、蛋液 45 克、椰蓉 55 克、奶粉 50 克、鲜奶 10 克、盐少许

表面用

香酥粒：黄油 40 克、细砂糖 30 克、奶粉 5 克、低筋面粉 70 克

蛋液适量

参考数量

6 寸中空活底圆模 2 个

■ 做法

1 将除黄油以外的面团材料混合，搅拌至面团卷起有弹性、拉长不易断，可以延展出稍薄的面筋薄膜，加入黄油，继续搅拌到完全阶段。将面团整理平整放入容器中，在室温（25~28℃）下进行基础发酵（图1）。

2 发至原体积的2~2.5倍大（图2）。

3 将面团平均分成2份，滚圆后松弛20分钟（图3）。

4 将面团稍压扁，擀成边长为22厘米x36厘米的长方形。表面涂抹适量椰蓉奶酥馅，底部边缘部分留出不抹（图4）。

5 将面团从上向下卷成长卷，捏紧边缘接缝处（图5）。用牙线将面团切割成6等份（图6）。

6 模具内壁抹一层薄油，将切好的面团切面向上放入模具中（图7），在温暖湿润（27℃）的环境中进行最后发酵。

7 发至模具八分至九分满（图8），面团表面薄刷蛋液，撒适量香酥粒。

8 放入预热好的烤箱中下层，上、下火180℃烘烤25分钟。出炉震模后立刻脱模。

椰蓉奶酥馅

　　将黄油在室温下软化，加入糖粉，用打蛋器打发至颜色变浅、体积膨大。分次加入蛋液，每次都要搅打至完全吸收后再加下一次，直到全部加完（图a）。加入椰蓉、奶粉和盐翻拌均匀，最后加鲜奶拌匀（图b）。

香酥粒

　　将黄油放室温下软化，用蛋抽打至顺滑，加细砂糖搅拌均匀（图A），再加入过筛的奶粉和低筋面粉，切拌均匀后用手搓成小颗粒状（图B）。

　　香酥粒可以一次多做些，装袋密封后放入冰箱冷冻保存，不用回温可直接使用。

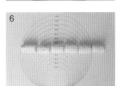

胚芽豆沙包

■ 材料

面团

A 高筋面粉	320 克
即发干酵母	3.5 克
细砂糖	30 克
盐	5 克
汤种	50 克
B 鲜奶	218 克
C 黄油	35 克
D 胚芽	25 克
鲜奶（泡胚芽用）	15 克

馅料

红豆沙馅适量

表面用

核桃仁 8 颗、黄油适量

参考数量

8 个

■ 做法

1 将胚芽和鲜奶混合均匀，放入冰箱冷藏一晚后使用（图1）。

2 将除黄油和材料D以外的面团材料混合，搅拌至面团卷起有弹性、拉长不易断，可以延展出稍薄的面筋薄膜，加入黄油，继续搅拌至接近完全阶段，加入浸泡好的胚芽搅拌均匀。将面团整理平整放入容器中，在室温（25~28℃）下进行基础发酵（图2）。

3 发至原体积的2~2.5倍大（图3）。

4 将面团平均分成8份，约85克/个，滚圆后松弛20分钟（图4）。

5 将面团擀成圆形，翻面，放入适量豆沙馅（图5），包好并捏紧收口。

6 面团摆放在烤盘上（图6），将擀面杖一端沾少许干粉，从面团顶部慢慢向下压（图7）。下压时注意力度，要保持表皮完整不破，直到基本按压到底，然后在每个面团的凹陷处放入1颗核桃

仁（图8）。

7 将整形好的面团放在温暖湿润（32℃）的环境中进行最后发酵。

8 最后发酵结束（图9），放入预热好的烤箱中层，上、下火180℃烘烤17分钟（图10）。

9 出炉后趁热在表面刷适量软化的黄油。

小麦胚芽及烘烤

胚芽是小麦中营养价值最高的部分，富含维生素E、维生素B$_1$、蛋白质和纤维素。胚芽烘烤之后会有淡淡的焦香味，放入面团中可以增添面包的风味。

烘烤方法：胚芽铺放在烤盘内，用上、下火150℃烘烤，每隔15分钟取出翻拌均匀，再放入烤箱继续烘烤，直至胚芽呈现均匀的深棕色（A）。将烤好的胚芽放凉后装袋密封，放入冰箱冷藏保存。

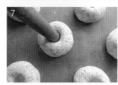

苹果乳酪面包

■ 材料

常温中种

高筋面粉·····················210 克
即发干酵母·····················3 克
水·························126 克

主面团

A 高筋面粉····················90 克
红糖·························40 克
盐··························4 克
奶粉·························10 克
B 全蛋液·······················30 克
水··························40 克
C 黄油·························30 克

苹果乳酪馅

奶油奶酪 300 克、红糖 30 克、细砂糖 40 克、全
蛋液 75 克、黄油 75 克、玉米淀粉 20 克、苹果丁（带
皮）80 克

表面用

肉桂糖粉：红糖 12 克、肉桂粉 1 克
带皮苹果片适量

参考数量

方烤盘（23 厘米 x23 厘米 x6.8 厘米）1 盘

■ 做法

1　常温中种：将中种材料混合，搅拌至材料溶解、
均匀成团。将面团放入容器中（图1），在温暖
的室温下发至 3~4 倍大（图2）。

2　将除黄油以外的主面团材料混合，同时加入切块
的中种，搅拌至面团卷起有弹性、拉长不易断，
可以延展出稍薄的面筋薄膜，加入黄油，继续搅
拌到完全阶段。

3　将面团整理平整放入容器中（图3），在室温
（25~28℃）下发酵30分钟。

4　将面团平均分成25份，逐个滚圆，5个一排整齐
摆放在烤盘内，放置在温暖湿润（32℃）的环境
中进行最后发酵（图4）。

5　最后发酵结束（图5），将苹果乳酪馅倒在面团
间的空隙处，用刮刀轻轻将馅抹平（图6）。

6　把苹果片铺放在表面 （图7），再撒一层肉桂糖
粉 （图8）。

7　放入预热好的烤箱中下层，上、下火180℃烘烤
25分钟。出炉后立刻脱模。

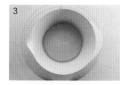

苹果乳酪馅

1. 将奶油奶酪在室温下软化，放入红糖和细砂糖，
用打蛋器搅打至均匀顺滑，然后加入常温全蛋液
搅打均匀（图A）。

2. 加入软化的黄油，搅打均匀后加入玉米淀粉，先
用刮刀稍拌匀，再用打蛋器打匀。最后放入苹果
丁，用刮刀翻拌均匀（图B）。

可可甘薯卷

■ 材料

常温中种

高筋面粉·····················262 克

即发干酵母··················3.5 克

水·······························158 克

主面团

A 高筋面粉··················113 克

细砂糖·······················50 克

盐································5 克

奶粉·······························15 克

B 原味酸奶·····················20 克

鲜奶·······························45 克

全蛋液·························35 克

C 黄油·······························30 克

馅料

甘薯泥 400 克

表面用

可可粉适量

参考数量

方烤盘（23 厘米 x23 厘米 x6.8 厘米）1 盘

■ 做法

1 红薯蒸熟，去皮捣碎成泥，放凉后使用（图 1）。

2 常温中种：将中种材料混合，搅拌至材料溶解、均匀成团。将面团放入容器中，在温暖的室温下发至 3~4 倍大。

3 将除黄油以外的主面团材料混合，同时加入切块的中种，搅拌至面团卷起有弹性、拉长不易断，可以延展出稍薄的面筋薄膜，加入黄油，继续搅拌到完全阶段。

4 将面团整理平整放入容器中，在室温（25~28℃）下发酵 30 分钟（图 2）。

5 将面团平均分成 3 份，约 235 克 / 个，滚圆后松弛 20 分钟（图 3）。

6 将面团稍压扁（图 4），擀开成边长为 23 厘米 x 35 厘米的长方形，翻面，竖放，面团下 1/3 部分向上翻折，将折叠部分做等距离切口，边缘留出不要切断（图 5）。

7 将折叠部分展开（图 6），在面团未切开部分上铺抹适量甘薯泥（图 7）。

8 将面团从上向下卷成长卷，捏紧边缘接缝处（图 8）。余下的两个面团同样操作。

9 将面团表面筛适量可可粉，再将面团前后滚动让两侧也粘满可可粉，轻轻抖掉表面多余的可可粉。

10 将面团摆放在烤盘内，在温暖湿润（32℃）的环境中进行最后发酵（图 9）。

11 最后发酵结束（图 10），放入预热好的烤箱中下层，上、下火 180℃ 烘烤 25 分钟。出炉后立刻脱模。

旋转莓果

■ 材料

面团

A 高筋面粉⋯⋯⋯⋯⋯⋯⋯⋯125克

低筋面粉⋯⋯⋯⋯⋯⋯⋯⋯55克

细砂糖⋯⋯⋯⋯⋯⋯⋯⋯⋯25克

盐⋯⋯⋯⋯⋯⋯⋯⋯⋯⋯⋯2.5克

即发干酵母⋯⋯⋯⋯⋯⋯⋯⋯2克

B 水⋯⋯⋯⋯⋯⋯⋯⋯⋯⋯100克

C 黄油⋯⋯⋯⋯⋯⋯⋯⋯⋯⋯20克

裹入用

黄油35克、切碎的蔓越莓干适量

参考数量

中号麦芬六连模1盘

■ 做法

1 面粉和水混合，揉至成团无干粉。将酵母撒在表面，盖上保鲜膜，在室温下放置20分钟。

2 加入细砂糖和盐，揉至材料均匀溶解，再放入黄油，继续揉到面团表面光滑（图1）。

3 将面团擀压平整，装袋密封，放入冰箱冷冻30分钟（图2）。冻好的面团虽然变硬但仍具有延展性。

4 将面团擀开成长方形，当变得较薄时，用双手（一只手手掌伸开，放在面团下面）将面团慢慢向外抽拉开，直至延展成边长为50厘米x30厘米的长方形（图3）。

5 将面团表面先均匀涂抹一层软化的黄油，再撒适量切碎的蔓越莓干（图4）。

6 将面团平均切成3份。用切刀辅助（图5），将面团的上、下1/3部分向中间折（图6）。

7 将折叠好的面团放入冰箱冷冻20分钟。

8 将冷冻后的面团竖着摆放，用擀面杖擀薄、擀长，由下向上卷成卷（图7）。余下的两份面团同样操作。

9 将卷好的面团稍搓长（图8），从中间纵切成两半（图9）。取一份切开的面团，稍微拉长，切面向外盘卷起来（图10）。

10 将整形好的面团放入模具内，在温暖湿润（27℃）的环境中进行最后发酵（图11）。

11 最后发酵结束（图12），放入预热好的烤箱中下层，上、下火180℃烘烤16分钟。出炉后立刻脱模。

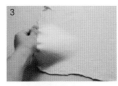

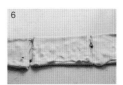

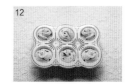

热狗肠小餐包

■ 材料

面团

A 高筋面粉·····················230 克

　　细砂糖······················30 克

　　盐·························4 克

　　奶粉······················10 克

　　即发干酵母·····················3 克

　　汤种······················50 克

B 全蛋液······················35 克

　　水·······················110 克

C 黄油·······················25 克

馅料

热狗肠、沙拉酱、干燥葱碎、意式香草碎
适量

表面用

沙拉酱、蛋液适量

参考数量

汉堡模（直径约 9 厘米）8 个

■ 做法

1 将热狗肠切片，放入沙拉酱、干燥葱碎和意式香草碎混合均匀。

2 将除黄油以外的面团材料混合，搅拌至面团卷起有弹性、拉长不易断，可以延展出稍薄的面筋薄膜，加入黄油，继续搅拌到完全阶段。将面团整理平整放入容器中，在室温（25~28℃）下进行基础发酵（图1）。

3 发至原体积的2~2.5倍大（图2）。

4 将面团平均分成8份，约60克/个，滚圆后松弛20分钟（图3）。

5 将面团稍压扁，擀成椭圆形（图4），翻面，由上向下卷成卷（图5），松弛15分钟。

6 将面团搓至约45厘米长（图6），两端对齐，螺旋拧两圈（图7），将对折的部分翻折，使其套在尾端外（图8）。

7 将面团整理好放入模具内（图9），在温暖湿润（32℃）的环境中进行最后发酵。

8 最后发酵结束，面团表面薄刷蛋液，将中间部分稍向下按压，在压下部分上面铺适量热狗肠馅料，挤沙拉酱（图10）。

9 放入预热好的烤箱中层，上、下火180℃烘烤16分钟。出炉后立刻脱模。

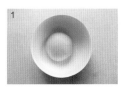

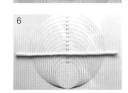
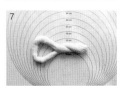

咖喱牛肉面包

■ 材料

面团

A 高筋面粉·····················250 克

细砂糖························20 克

盐····························4 克

咖喱粉·······················3 克

即发干酵母···················3 克

B 全蛋液······················35 克

水··························132 克

C 黄油·······················25 克

咖喱牛肉馅

洋葱 100 克、马铃薯 30 克、胡萝卜 30 克、牛肉馅 110 克、糖 2.5 克、盐 2.5 克、咖喱粉 12 克、低筋面粉 15 克、油适量

表面用

黄油适量

参考数量

汉堡模（直径约 10 厘米）6 个

■ 做法

1. 将除黄油以外的面团材料混合，搅拌至面团卷起有弹性、拉长不易断，可以延展出稍薄的面筋薄膜，加入黄油，继续搅拌到完全阶段。将面团整理平整放入容器中，在室温（25~28℃）下进行基础发酵（图1）。

2. 发至原体积的2~2.5倍大（图2）。

3. 将面团平均分成6份，约75克/个，滚圆后松弛15分钟（图3）。

4. 将面团擀成圆形（图4），翻面，放入适量咖喱牛肉馅（图5），包起（图6），捏紧收口。

5. 将面团放入模具中，在温暖湿润（32℃）的环境中进行最后发酵（图7）。

6. 最后发酵结束（图8），放入预热好的烤箱中层，上、下火180℃烘烤17分钟。出炉后立刻脱模，趁热在表面刷适量软化的黄油。

咖喱牛肉馅

1. 洋葱、马铃薯切小片，胡萝卜切细丝。

2. 炒锅内放少量油，油热后放入洋葱小片、胡萝卜细丝、马铃薯小片，炒熟后盛出。

3. 另在锅内放适量油，用中火将牛肉馅炒至八分熟，将炒好的洋葱等蔬菜全部倒入，加入糖、盐、咖喱粉翻炒至肉馅变熟。最后加入低筋面粉炒均匀，关火，放凉后使用。

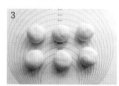

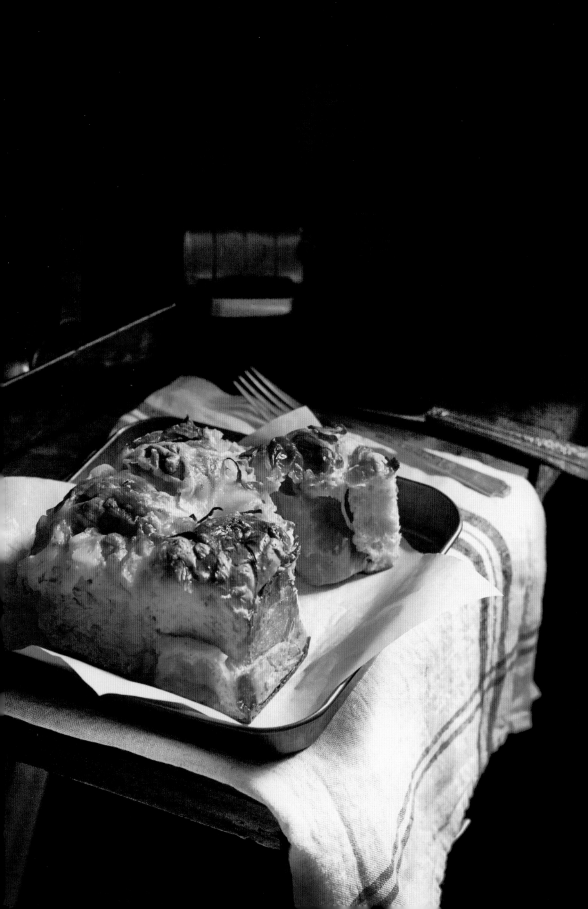

火腿芝士排包

■ 材料

面团

A 高筋面粉 · · · · · · · · · · · · · · · · · · · 340 克

　全麦粉 · 35 克

　奶粉 · 10 克

　细砂糖 · 35 克

　盐 · 6 克

　即发干酵母 · · · · · · · · · · · · · · · · · · · 4 克

B 全蛋液 · 40 克

　水 · 210 克

C 黄油 · 30 克

馅料

芝士片 8 片、火腿片 8 片

表面用

洋葱丝 150 克、马苏里拉奶酪丝 130 克、
油适量

参考数量

方烤盘（23 厘米 ×23 厘米 ×6.8 厘米）1 盘

■ 做法

1　锅内加少许油，放入切好的洋葱丝，翻炒至变软
　即可，放凉后使用。

2　将除黄油以外的面团材料混合，搅拌至面团卷起
　有弹性、拉长不易断，可以延展出稍薄的面筋薄
　膜，加入黄油，继续搅拌到完全阶段。将面团整
　理平整放入容器中，在室温（25~28℃）下进行
　基础发酵（图1）。

3　发至原体积的2~2.5倍大（图2）。

4　将面团平均分成4份，滚圆后松弛20分钟（图3）。

5　将面团稍压扁（图4），擀成边长约为22厘米×
　12厘米的长方形（图5）。

6　将芝士片和火腿片交替摆放在面团上，一个面团
　用两片芝士片和两片火腿片（图6）。

7　将面团由上向下卷成长卷（图7、图8）。余下的
　3份面团同样操作。

8　将卷好的面团平均分割成4份，切面朝上，4个一

排摆放在烤盘内（图9）。

9　放在温暖湿润（32℃）的环境中进行最后发酵。

10　最后发酵结束（图10），表面先铺一层洋葱丝，
　再铺一层马苏里拉奶酪丝（图11）。

11　放入预热好的烤箱中下层，上、下火180℃烘烤
　25分钟。出炉后立刻脱模。

南瓜肉松面包

■ 材料

面团

A 高筋面粉·······················200 克

  细砂糖···························25 克

  盐······························ 3 克

  奶粉····························· 8 克

  南瓜泥（蒸熟）····················60 克

  即发干酵母·························2 克

B 全蛋液···························25 克

  水······························65 克

C 黄油·····························20 克

馅料

肉松适量

表面用

印度飞饼 4 张、蛋液适量

参考数量

汉堡模（直径约 9 厘米）8 个

■ 做法

1 将除黄油以外的面团材料混合，搅拌至面团卷起有弹性、拉长不易断，可以延展出稍薄的面筋薄膜，加入黄油，继续搅拌到完全阶段。将面团整理平整放入容器中，在室温（25~28℃）下进行基础发酵（图1）。

2 发至原体积的2~2.5倍大（图2）。

3 将面团平均分成8份，约50克/个，滚圆后松弛20分钟（图3）。

4 将面团擀成圆形（图4），翻面，放适量肉松（图5），包起并捏紧收口（图6）。

5 将印度飞饼在室温下放置到可以弯折的状态，均切成两半（图7），用拉网刀将半张饼皮切出割纹（图8）。

6 将半张饼皮拉展开，包裹住南瓜面团（图9），捏紧底部收口（图10）。

7 将整形好的面团放入模具（图11），在温暖湿润（27℃）的环境中进行最后发酵。

8 最后发酵结束，将面团表面薄刷蛋液，放入预热好的烤箱中层，上、下火180℃烘烤15分钟。出炉后立刻脱模。

> 提示：
> 1. 南瓜泥含水量不同，面团的实际用水量可能会有较大差异，要根据面团软硬度灵活掌握。
> 2. 如果不使用印度飞饼，我们可以在制作酥皮类面包时留下一块酥皮面团，用来制作这款面包。

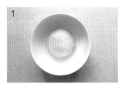

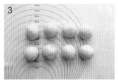

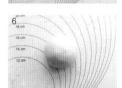

萨拉米芝士手撕包

■ 材料

面团

A 高筋面粉 · · · · · · · · · · · · · · · · · · 165 克

　细砂糖 · 20 克

　盐 · 3 克

　奶粉 · 8 克

　汤种 · 30 克

　即发干酵母 · · · · · · · · · · · · · · · · · · 2 克

B 全蛋液 · 20 克

　水 · 85 克

C 黄油 · 18 克

馅料

萨拉米香肠片 50 克, 马苏里拉奶酪丝 60 克,
帕玛森芝士粉、干燥葱碎、橄榄油适量

表面用

黄油适量

参考数量

6 寸中空活底圆模 1 个

■ 做法

1 将除黄油以外的面团材料混合，搅拌至面团卷起有弹性、拉长不易断，可以延展出稍薄的面筋薄膜，加入黄油，继续搅拌到完全阶段。将面团整理平整放入容器中，在室温（25~28℃）下进行基础发酵（图1）。

2 发至原体积的2~2.5倍大（图2），滚圆后松弛20分钟（图3）。

3 将面团擀成1厘米厚的长方形，先抹一层橄榄油，再撒适量干燥葱碎和帕玛森芝士粉，用利刀将面团切成小方块（图4）。

4 模具内壁涂抹一层薄油，面团有葱碎和芝士粉的一面向上，先铺一层面团在模具底部，再铺一层马苏里拉奶酪丝和切块的萨拉米香肠片在上面，然后再铺一层面团，放一层马苏里拉奶酪丝和切块的萨拉米香肠片，如此交替铺放，直到材料全部用完（图5）。

5 将装有面团的模具放在温暖湿润（32℃）的环境中进行最后发酵。

6 发至模具九分满（图6），放入预热好的烤箱中下层，上、下火180℃烘烤25分钟。出炉震模后立刻脱模，趁热在表面刷适量软化的黄油。

鲜虾鳕鱼堡

■ 材料

冷藏中种

高筋面粉 · · · · · · · · · · · · · · · · · · · 155 克

水 · 93 克

即发干酵母 · · · · · · · · · · · · · · · · · · · 1 克

主面团

A 高筋面粉 · · · · · · · · · · · · · · · · · · 100 克

细砂糖 · 30 克

盐 · 4 克

奶粉 · 5 克

即发干酵母 · · · · · · · · · · · · · · · · · · 1.5 克

B 全蛋液 · 30 克

水 · 46 克

C 黄油 · 25 克

表面用

蛋液、白芝麻适量

鳕鱼饼

银鳕鱼肉 500 克、虾仁 150 克、蛋白液 15 克、淀粉 10 克、盐适量、胡椒粉适量

鳕鱼饼外包裹物

全蛋液、面包屑、面粉、植物油适量

调味酱

沙拉酱、芥末籽酱、原味酸奶、欧芹碎适量

汉堡夹用的蔬菜

黄瓜片、番茄片、生菜适量

参考数量

汉堡模（直径约 10 厘米）6 个

■ 做法

1 冷藏中种：将中种材料混合，搅拌至材料均匀溶解，面团变柔滑。将面团在室温下放置到体积增加近 1 倍大，再放入冰箱（4~6℃）冷藏发酵 14~18 小时。第二天发至 3.5~4 倍大后使用。

2 将除黄油以外的主面团材料混合，同时加入切块的中种，搅拌至面团卷起有弹性、拉长不易断，可以延展出稍薄的面筋薄膜，加入黄油，继续搅拌到完全阶段。将面团整理平整放入容器中，在室温（25~28℃）下进行基础发酵（图1）。

3 发至原体积的 2 倍大。

4 将面团平均分成 6 份，约 80 克/个，逐个滚圆（图2）。

5 将面团表面刷一层蛋液，手捏面团底部，再将面团倒着放入白芝麻内，使表面沾满芝麻。

6 将面团放入模具中，在温暖湿润（32℃）的环境中进行最后发酵。

7 最后发酵结束（图3），放入预热好的烤箱中层，上、下火 180℃烘烤 17 分钟（图4）。出炉后脱模放凉。

8 将面包横剖成两半，先涂抹沙拉酱，再依次铺放番茄片、生菜、黄瓜片和鳕鱼饼，最后挤适量调味酱，把另一半面包盖在上面。

鳕鱼饼

1 将银鳕鱼肉、虾仁洗净后沥干水，剁成肉糜后放入碗中，加入蛋白液、淀粉、盐和胡椒粉，用筷子顺一个方向搅至起筋成团。

2 取适量肉馅放在保鲜膜上，摊成直径为 10 厘米的圆饼（图A），表面先筛一层薄面粉，再刷适量全蛋液，最后撒面包屑。

3 将保鲜膜和肉饼一同托起，把肉饼倒扣在烤盘上，拿走保鲜膜，另一面也同样撒面粉、刷全蛋液、撒面包屑。

4 将表面刷适量植物油，放入预热好的烤箱中层，上、下火 180℃烘烤 10~15 分钟至表面金黄，出炉后放凉使用（图B）。

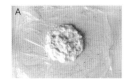

调味酱

按照芥末籽酱：沙拉酱：原味酸奶=2：2：1 的比例，将这几样材料放入碗中混合，再加入欧芹碎搅拌均匀即可。

关于软式面包

Q 搅拌面团时水加多了怎么办？

A 如果面团因为水加多了变得过于湿黏而无法成团，可以用刮板将盆内的面团铲刮集中，静置 10 分钟左右，面粉会慢慢吸水并产生面筋，再搅拌会变得比较容易。不要因水多了就轻易加粉，这会改变配方的比例。

Q 搅拌好的面团非常粘手？

A 面团粘手大多和搅拌以及面团温度有关：搅拌不足或者搅拌过度的面团会感觉粘手；面团温度偏高时会变得粗糙、湿黏，面团温度过低时也会粘手。含水量大或高糖油的面团，虽然触摸会有粘黏感，但表面却呈现完整光滑的状态。

Q 为什么面团基础发酵速度慢，发酵时间很长？

A 可以归结为面团产气能力不足和面团保气能力差两方面原因：面团产气能力不足多由于酵母用量少、活性差，面温低或发酵温度低等；保气能力差多由于面团搅拌不足或搅拌过度等。

Q 面团基础发酵过度了还能用吗？

A 面团基础发酵轻微过度还可以使用，只是面包组织不够细腻、老化速度快。严重过发的面团则不能再按原流程用于面包制作，可以把面团翻面排气后放入冰箱冷藏，第二天用作老面，但用量也不宜过多，建议添加比例为10%~15%。

Q 面包烘烤时为什么会出现裂口？

A 面包烘烤时出现裂口，有馅的面包馅料会从破口处溢出，常见的原因有：面团搅拌不足导致延展性不佳、整形时损伤面筋、最后发酵不足、面团表皮偏干、烘烤温度偏高等。

Q 为什么烤好的面包密封保存，第二天会变得又干又硬？

A 面包很快变得干硬是因为老化速度快，迅速脱水造成的。由于面团搅拌不足或搅拌过度，从而无法形成完整的面筋，或者过度发酵使面筋遭到破坏等，都会导致面团的锁水能力变差，使面包老化速度加快。

第二章　PART 2

甜点面包

· DESSERT BREAD ·

潘娜托尼（Panettone ）是源于意大利的经典圣诞面包。大量葡萄干、糖渍橙皮等果干的使用与酒的香气相得益彰，烤好后封存几日，使面包慢慢熟成，用时间让果干、奶油、水果酒等各种香气慢慢渗透融合，这正是潘娜托尼特有的迷人之处。

潘娜托尼

■ 材料

冷藏中种

高筋面粉	370 克
即发干酵母	2.5 克
细砂糖	10 克
水	222 克

主面团

A 高筋面粉	160 克
细砂糖	80 克
盐	7 克
奶粉	20 克
即发干酵母	4.5 克
B 全蛋液	95 克
C 黄油	135 克
D 葡萄干	200 克
朗姆酒（泡葡萄干用）	40 克
糖渍橙皮丁	35 克
新鲜柠檬	1 个
巧克力	50 克

表面用

黄油、君度橙酒适量

参考数量

纸杯（直径约 9 厘米）6 个

■ 做法

1. 将葡萄干冲洗干净并沥干水分，加朗姆酒混合均匀，密封后放入冰箱冷藏 7 天。冷藏期间上下翻倒几次，可以使材料混合更加均匀。

2. 新鲜柠檬洗净，表皮刨成细丝后切碎，加入已放置 7 天的酒泡葡萄干中，再放入糖渍橙皮丁，混合均匀后冷藏一晚，第二天使用（图 1）。

3. 冷藏中种：将中种材料混合，搅拌至材料均匀溶解，面团变柔滑。将面团在室温下放置到体积增加近 1 倍大，再放入冰箱（4~6℃）冷藏发酵 14~18 小时。第二天发至 3.5~4 倍大后使用。

4. 将除黄油和材料 D 以外的主面团原料混合，同时加入切块的中种，搅拌至面团变光滑，可以延展出较薄的面筋薄膜，加入 1/2 量的黄油，揉至基本完全吸收后再加入余下的黄油（图 2），继续搅拌到完全阶段（图 3），最后加入酒泡果干和切成小块的巧克力搅拌均匀，完成的面温在 22~24℃。

5. 将面团整理平整放入容器中，在 25℃室温下基础发酵 30 分钟（图 4）。

6. 将面团平均分成 6 份，约 235 克 / 个，拍扁后收整成圆形，捏紧底部收口。

7. 将面团放入纸模内，在 25℃室温下进行最后发酵（图 5）。

8. 发至纸模八分至九分满，用剪刀在表面剪十字口，在剪口处挤适量软化的黄油（图 6）。

9. 放入预热好的烤箱中下层，以上火 170℃、下火 180℃烘烤 40 分钟。出炉后趁热在表面刷一层君度橙酒，再刷适量熔化的黄油。

潘娜托尼的保存与熟成

烘烤后的面包，果料、黄油以及水果酒等多种滋味慢慢渗入面包体，再通过缓慢的熟成，于是造就出潘娜托尼馥郁迷人的风味。

面包放凉后用保鲜膜包裹密封，放在室温下保存。每天的口感和风味都会有变化，第 3 天进入赏味期，第 5 天已经充分熟成，风味最为浓郁，建议在 7 天内食用完毕。

> 提示：
> 高糖油面团在搅拌过程中要注意面温的控制，搅拌完成的面温控制在 22~24℃，面温偏高时黄油熔化，会导致面团瘫软、变烂。

布里欧修皇冠吐司

布里欧修（Brioche）是法国著名的特色面包，因面团中含有大量的鸡蛋和黄油，口感近似蛋糕般松软，充满浓郁的黄油香气。葡萄菌液的使用，使面包的风味更加丰富。

■ 材料

冷藏中种

高筋面粉··················· 260 克

水··························· 100 克

葡萄菌液····················· 70 克

即发干酵母····················· 1 克

主面团

A 高筋面粉··················· 260 克

细砂糖····················· 55 克

盐························· 8 克

即发干酵母················· 4 克

B 全蛋液··················· 100 克

蛋黄液····················· 60 克

鲜奶······················· 20 克

C 黄油····················· 150 克

表面用

黄油适量

参考数量

450 克吐司模 2 个

■ 做法

1 冷藏中种：将中种材料混合，搅拌至材料均匀溶解，面团变柔滑。将面团在室温下放置到体积增加近1倍大，再放入冰箱（4~6℃）冷藏发酵14~18小时。第二天发至3.5~4倍大后使用。

2 将除细砂糖和黄油以外的主面团材料混合，同时加入切块的中种，搅拌至面团成团无干粉。先加入1/2量的细砂糖，搅拌到面团卷起变柔滑，再将余下的细砂糖放入，搅拌至面团变光滑，可以延展出较薄的面筋薄膜。加入1/2量的黄油（图1），揉至基本完全吸收后将余下的黄油加入，继续搅拌至完全阶段（图2），完成的面温在22~24℃。

3 将面团整理平整放入容器中，在25℃室温下进行基础发酵（图3）。

4 发至2倍大（图4）。将面团平均分成12份，滚圆后松弛15分钟（图5）。

5 将面团拍扁，收整成圆形并捏紧底部收口（图6）。

6 将面团6个一组放入吐司模内，在25℃室温下进行最后发酵（图7）

7 发至模具九分满（图8），放入预热好的烤箱中下层，以上火180℃、下火210℃烘烤36分钟。出炉震模后立刻脱模，趁热在表面刷适量软化的黄油。

提示：
控制面温是搅拌面团的关键，完成的面温在 22~24℃，不宜超过 25℃。

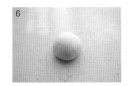

奶油砂糖布里欧

■ 材料

冷藏中种

高筋面粉	260 克
鲜奶	105 克
葡萄菌液	70 克
即发干酵母	1 克

主面团

A	高筋面粉	175 克
	细砂糖	30 克
	盐	7 克
	即发干酵母	3 克
B	全蛋液	50 克
	蛋黄液	20 克
	鲜奶	65 克
C	黄油	80 克

表面用

黄油、粗粒砂糖适量

参考数量

12 个

■ 做法

1　冷藏中种：将中种材料混合，搅拌至材料均匀溶解，面团变柔滑（图1）。将面团在室温下放置到体积增加近1倍大，再放入冰箱（4~6℃）冷藏发酵14~18小时。第二天发至3.5~4倍大后使用（图2）。

2　将除黄油以外的主面团材料混合，同时加入切块的中种，搅拌至面团变光滑，可以拉出较薄的面筋薄膜，加入1/2量的黄油，搅拌至基本完全吸收后加入余下的黄油，继续搅拌到完全阶段（图3），完成的面温在22~24℃。

3　将面团整理平整放入容器中，在25℃室温下进行基础发酵（图4）。

4　发至2倍大（图5）。将面团平均分成12份，约70克/个，滚圆后松弛15分钟（图6）。

5　将面团拍扁（图7），擀成直径为11厘米的圆形（图8）。

6　将擀好的面团摆放在烤盘上，在25℃室温下进行最后发酵（图9）。

7　最后发酵结束（图10），将面团表面刷适量软化的黄油，用手指前端戳出几处凹陷，每处凹陷内放一小块黄油，最后在表面撒适量粗粒砂糖（图11）。

8　放入预热好的烤箱中层，上、下火190℃烘烤12分钟。出炉后趁热在表面刷适量软化的黄油（图12）。

提示：

1. 控制面温是搅拌面团的关键，完成的面温在22~24℃，不宜超过25℃。

2. 烘烤结束后，如果凹陷处熔化的黄油还未被完全吸收，先不要移动面包，要等黄油被完全吸收后再从烤盘上移走面包。

3. 可以根据个人喜好进行口味变化，例如放奶酪丁，表面撒芝士粉、葱碎等做成咸鲜口味。

第三章　PART 3

吐司
· TOAST ·

关于吐司

Q 为什么吐司最后发酵的速度很慢？

A 酵母数量少、活性差，或者面温低、发酵温度低等会导致面团产气量少，最后发酵速度缓慢；面团因搅拌不足、搅拌过度、基础发酵过度或整形时断筋等造成保气能力差、膨胀力弱，最后发酵速度也会减慢。

Q 为什么吐司最后发酵时表面会裂开？

A 大多是由面团搅拌不足、松弛时间短、整形过紧、整形时面筋受损等造成的，此外，最后发酵湿度低的面团表皮变干，最后发酵膨胀时也会裂开。

Q 为什么吐司烤好没满模？

A 多数原因是面团搅拌不到位，如黄油加入过早、搅拌不够或者搅拌过度等造成的面团筋度不足，面团基础发酵过度、最后发酵不充分，烘烤时间过长等。

Q 为什么吐司出炉后会回缩、中间部位向内凹陷？

A 面团最后发酵过度、烘烤不足，出炉没有震模、没有及时脱模等都容易造成吐司回缩、内凹。

Q 为什么平顶吐司的边角太突出或者呈圆形？

A 加盖吐司烤好后的边角呈现自然的方形。吐司边角突出，大多是由面团量偏多或最后发酵过度造成的，而边角呈圆形、不满模，一般是由放入面团量偏少、黄油加入过早、面团搅拌不足或基础发酵过度、最后发酵不充分等引起的。

Q 为什么吐司会出现沉积？

A 沉积是吐司内部某些部位的面团没有膨胀起来，出现一层类似于死面的组织，在承受压力大的底部出现最多。面团搅拌不到位、整形时面筋受到破坏、过度发酵等导致面团弹性不足，容易使吐司出现沉积。烘烤时下火偏低、面团含水量大或馅料过多等也容易造成吐司底部沉积。

早餐白吐司

白吐司也叫庞多米，源自法文 pain de mie。味道清淡的白吐司，是早餐桌上常见的食物。它的组织细腻柔软、散发出谷物自然的香气，做成三明治或者搭配抹果酱食用，都很美味。

■ 材料

面团

A 高筋面粉······················· 500 克

　细砂糖························· 40 克

　盐····························· 9 克

　奶粉··························· 15 克

　即发干酵母····················· 5 克

B 水····························· 325 克

C 黄油··························· 50 克

参考数量

450 克吐司模 2 个

■ 做法

1　将除黄油以外的面团材料混合，搅拌至面团卷起有弹性、拉长不易断，可以延展出稍薄的面筋薄膜（图1），加入黄油，继续搅拌至完全阶段（图2）。

2　将面团整理平整放入容器中，在室温（25~28℃）下进行基础发酵（图3）。

3　发至原体积的2~2.5倍（图4）。

4　将面团平均分成6份，滚圆后松弛20分钟（图5）。

5　将面团正面在上，稍压扁（图6），擀成椭圆形（图7），翻面（图8），从上向下卷成卷（图9），继续松弛20分钟（图10）。

6　将面团竖放，稍压扁，擀开成长条形（图11），翻面（图12），从上向下卷成卷（图13、图14）。

7　面团收口在下，3个一组放入吐司模内，在温暖湿润（32℃）的环境中进行最后发酵（图15）。

8　发至模具七分半至八分满（图16）。

9　模具加盖，放入预热好的烤箱中下层，上、下火210℃烘烤40分钟（图17）。出炉震模后立刻脱模（图18）。

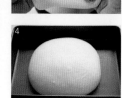

蜂蜜丁核桃吐司

■ 材料

面团

A 高筋面粉···················· 560 克
   细砂糖······················ 30 克
   盐··························· 9 克
   即发干酵母··················· 5 克
B 全蛋液····················· 55 克
   葡萄菌液···················· 75 克
   水························· 255 克
C 黄油······················· 55 克
D 蜂蜜丁····················· 75 克
   核桃丁····················· 60 克

表面用

黄油适量

参考数量

450 克吐司模 2 个

■ 做法

1. 将除黄油、核桃丁、蜂蜜丁以外的面团材料混合，搅拌至面团卷起有弹性、拉长不易断，可以延展出稍薄的面筋薄膜，加入黄油，搅拌到完全阶段，最后加入蜂蜜丁和核桃丁（图1）搅拌均匀。

2. 将面团整理平整放入容器中（图2），在室温（25~28℃）下基础发酵60分钟（图3）。做两次三折的翻面（图4），继续发酵30分钟（图5）。

3. 将面团平均分成2份，滚圆后松弛20分钟（图6）。

4. 将面团正面在上，稍整理成长圆形（图7），压扁后擀开（图8），翻面（图9），从上向下卷成卷（图10）。

5. 将面团收口在下放入吐司模内，在温暖湿润（32℃）的环境中进行最后发酵（图11）。

6. 发至模具九分满，表面沿中线划一道长口，割口处挤适量软化的黄油（图12）。

7. 放入预热好的烤箱中下层，上火170℃、下火220℃烘烤35分钟。出炉震模后立刻脱模，趁热在表面刷适量软化的黄油。

蜂蜜丁

　　蜂蜜丁是由蜂蜜和果胶制成的固体蜂蜜，烘烤时不会熔化。蜂蜜丁的蜂蜜含量约为80%，具有蜂蜜的自然香甜味道以及果汁软糖般的Q弹口感。

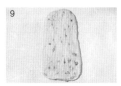
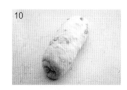

全麦吐司

　　全麦粉经过长时间的浸泡，可将蕴含在小麦中的深层风味充分释放出来。烤好的全麦吐司口感轻柔平顺，充满浓郁的麦香。

■ 材料

浸泡液

全麦粉·················· 220 克

冰水·················· 220 克

主面团

A 高筋面粉·············· 340 克

红糖················ 40 克

盐················ 9 克

奶粉················ 20 克

即发干酵母············ 5 克

B 水·················· 150 克

蜂蜜················ 20 克

C 黄油················ 30 克

参考数量

450 克吐司模 2 个

■ 做法

1　浸泡液：将全麦粉加冰水混合，搅拌至均匀无干粉状态（图1），放入冰箱冷藏16~24小时后使用（图2）。

2　将除黄油以外的主面团材料混合，同时加入全麦浸泡液，搅拌至面团卷起变柔滑，可以拉出稍厚的面筋薄膜，加入黄油，继续搅拌到可以延展出薄且有韧性膜的阶段，约九分筋。

3　将面团整理平整放入容器中（图3），在室温（25~28℃）下基础发酵60分钟，发至2~2.5倍大（图4）。

4　做两次三折的翻面（图5），继续发酵30分钟（图6）。

5　将面团平均分成6份，滚圆后松弛20分钟。

6　将面团正面在上，稍压扁，擀成椭圆形，翻面（图7），从上向下卷成卷（图8），继续松弛20分钟。

7　将面团竖放，稍压扁，擀成长条形（图9），翻面，从上向下卷成卷（图10）。

8　面团收口在下，3个一组放入吐司模内，在温暖湿润（32℃）的环境中进行最后发酵（图11）。

9　发至模具八分半满（图12）。

10　将模具加盖，放入预热好的烤箱中下层，上、下火210℃烘烤38分钟。出炉震模后立刻脱模。

> 提示：
> 1. 如果红糖有结块，要用打碎机打碎或者用配方中的部分水将红糖浸泡溶解后再使用。
> 2. 面团筋度偏弱，容易搅拌过度，搅拌时要注意观察面团状态。

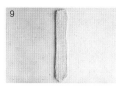

鲜奶吐司

用新鲜牛奶做成的液种面团经过一晚的熟成，充分保留了鲜奶和面粉的原始风味，制成的鲜奶吐司轻柔绵软，散发出香醇的牛奶香气。

■ 材料

液种

高筋面粉 ·	200 克
鲜奶 ·	225 克
即发干酵母 · · · · · · · · · · · · · · · ·	0.5 克
蜂蜜 ·	2 克

主面团

A 高筋面粉 · · · · · · · · · · · · · · · · ·	320 克
细砂糖 ·	55 克
盐 ·	9 克
即发干酵母 · · · · · · · · · · · · · · · ·	5 克
B 鲜奶 ·	115 克
炼乳 ·	50 克
动物性鲜奶油 · · · · · · · · · · · · · ·	25 克
C 黄油 ·	50 克

表面用

黄油适量

参考数量

450 克吐司模 2 个

■ 做法

1. 液种：在鲜奶中加入即发干酵母和蜂蜜，搅拌至溶解并均匀后，加入高筋面粉搅拌均匀，完成的面温在25~27℃（图1）。在室温下放置2小时左右至稍微膨胀，放入冰箱冷藏16~24小时后使用（图2）。

2. 将除黄油以外的主面团材料混合，同时加入液种，搅拌至面团卷起有弹性、拉长不易断，可以延展出稍薄的面筋薄膜，加入黄油，继续搅拌到完全阶段（图3）。

3. 将面团整理平整放入发酵盒内（图4），在室温（25~28℃）下基础发酵50分钟（图5）。

4. 做两次三折的翻面，将面团放入发酵盒内（图6），继续发酵30分钟。

5. 将面团平均分成6份，滚圆后松弛20分钟。

6. 将面团正面在上，稍压扁，擀成椭圆形（图7），翻面，从上向下卷成卷（图8），继续松弛20分钟。

7. 将面团竖放，稍压扁，擀开成长条形（图9），翻面，从上向下卷成卷（图10）。

8. 面团收口在下，3个一组放入吐司模内，在温暖湿润（32℃）的环境中进行最后发酵（图11）。

9. 发至模具八分半至九分满（图12），放入预热好的烤箱中下层，上火170℃、下火220℃烘烤38分钟。出炉震模后立刻脱模，趁热在表面刷适量软化的黄油。

野菇腊肉吐司

■ 材料

液种

高筋面粉	155 克
鲜奶	60 克
水	110 克
即发干酵母	0.5 克

主面团

A	高筋面粉	365 克
	细砂糖	45 克
	盐	8 克
	即发干酵母	5 克
B	全蛋液	80 克
	水	100 克
C	黄油	52 克
D	口蘑	180 克
	酱油腊肉	100 克
	熟毛豆粒	100 克

表面用

薄盐生抽适量

参考数量

450 克吐司模 2 个

■ 做法

1. 液种：将液种材料混合，搅拌均匀，在室温下放置2小时左右至稍微膨胀，再放入冰箱冷藏16~24小时后使用。
2. 口蘑洗净切块，放开水里稍煮，捞出放凉后挤干水分。酱油腊肉蒸熟放凉后切丁。
3. 将除黄油和材料D以外的主面团原料混合，同时加入液种，搅拌至面团卷起有弹性、拉长不易断，可以拉展出稍薄的面筋薄膜，加入黄油，继续搅拌至完全阶段（图1）。
4. 将面团摊平，把口蘑块、腊肉丁和熟毛豆粒铺在上面（图2），包起，用切刀将面团切开（图3），将切开的面团叠放后再切开（图4），不断重复直到材料混合均匀。
5. 切拌好的面团在台面上静置10分钟（要注意覆盖，防止干皮）（图5）。

6. 将面团整理成圆滑状态放入发酵盒内，在室温（25~28℃）下进行基础发酵（图6）。
7. 发至原体积的2倍大（图7）。
8. 将面团平均分成2份，滚圆后松弛20分钟（图8）。
9. 将面团正面在上，稍整理成长圆形，压扁后擀开（图9）。擀开时不要太用力，适度排气即可。
10. 翻面，从上向下卷成卷状（图10）。
11. 将面团收口在下放入吐司模内，在温暖湿润（32℃）的环境中进行最后发酵（图11）。
12. 发至模具八分半至九分满（图12），放入预热好的烤箱中下层，以上火170℃、下火220℃烘烤35分钟。
13. 取出后迅速在表面刷一层薄盐生抽，再放回烤箱烘烤1分钟即可出炉。出炉震模后立刻脱模。

葡萄干肉桂吐司

■ 材料

常温中种

高筋面粉··················· 395 克

水······················· 238 克

即发干酵母················ 6 克

主面团

A 高筋面粉··············· 170 克

红糖·················· 50 克

即溶咖啡粉················ 2 克

肉桂粉·················· 15 克

盐······················ 8 克

B 水···················· 130 克

C 黄油·················· 45 克

D 葡萄干··············· 300 克

朗姆酒（泡葡萄干用）········· 20 克

表面用

黄油适量

参考数量

450 克吐司模 2 个

■ 做法

1 常温中种：将中种材料混合，搅拌至材料溶解、均匀成团。将面团放入容器中（图1），在温暖的室温下发至3~4倍大（图2）。

2 葡萄干洗净后沥干水分，倒入朗姆酒混合均匀，放置30分钟后使用（图3）。

3 将除黄油、葡萄干以外的主面团材料混合，同时加入切块的中种，搅拌至面团卷起变柔滑，可以拉展出稍厚的面筋薄膜，加入黄油，继续搅拌到扩展阶段（图4），最后加入葡萄干搅拌均匀。

4 将面团整理平整放入容器中，在室温（25~28℃）下基础发酵30分钟（图5）。

5 将面团平均分成4份，滚圆后松弛20分钟（图6）。

6 将面团拍扁后收整成圆形，收口向下，2个一组放入吐司模内，在温暖湿润（32℃）的环境中进行最后发酵（图7）。

7 发至模具八分半至九分满（图8）。放入预热好的烤箱中下层，以上火170℃、下火220℃烘烤35分钟。

8 出炉震模后立刻脱模，趁热在表面刷适量软化的黄油。

蜂蜜芒果吐司

■ 材料

冷藏中种

高筋面粉 · · · · · · · · · · · · · · · · · · 350 克

水 · 210 克

即发干酵母 · · · · · · · · · · · · · · · · · 2.5 克

蜂蜜 · 20 克

主面团

A 高筋面粉 · · · · · · · · · · · · · · · · · · 150 克

　盐 · 8 克

　奶粉 · 15 克

　即发干酵母 · · · · · · · · · · · · · · · · 2.5 克

B 全蛋液 · 50 克

　蜂蜜 · 70 克

　水 · 45 克

C 黄油 · 50 克

D 芒果干 · 100 克

　白葡萄酒（泡芒果干用） · · · · · · · 20 克

参考数量

450 克吐司模 2 个

■ 做法

1　将芒果干切丁，加白葡萄酒混合均匀，密封放置一晚后使用。

2　冷藏中种：将中种材料混合，搅拌至材料均匀溶解，面团变柔滑。将面团在室温下放置到体积增加近1倍大，再放入冰箱（4~6℃）冷藏发酵14~18小时。第二天发至3.5~4倍大后使用。

3　将除黄油和材料D以外的主面团材料混合，同时加入切块的中种，搅拌至面团卷起有弹性、拉长不易断，可以拉展出稍薄的面筋薄膜，加入黄油，继续搅拌到完全阶段（图1），最后加入芒果丁搅拌均匀。

4　将面团整理平整放入容器中，在室温（25~28℃）下进行基础发酵（图2）。

5　发至2倍大（图3）。将面团平均分成6份，滚圆后松弛20分钟（图4）。

6　将面团正面在上，稍压扁，擀成椭圆形（图5），翻面，从上向下卷成长卷（图6），继续松弛20分钟。

7　将面团竖放，稍压扁，擀开成长条形（图7），翻面，从上向下卷成卷（图8）。

8　将面团收口在下，3个一组放入吐司模内，在温暖湿润（32℃）的环境中进行最后发酵（图9）。

9　发至模具八分满（图10）。

10　将模具加盖，放入预热好的烤箱中下层，上、下火210℃烘烤36分钟。出炉震模后立刻脱模。

> 提示：
> 蜂蜜不同，含水量可能存在差异，建议预留出15克水作为调节水，在搅拌初期根据面团软硬度酌情添加。

绵软流心红糖吐司

■ 材料

冷藏中种

高筋面粉 · · · · · · · · · · · · · · ·	300 克
水 · · · · · · · · · · · · · · ·	180 克
蜂蜜 · · · · · · · · · · · · · · ·	3 克
即发干酵母 · · · · · · · · · · · · · · ·	2 克

主面团

A 高筋面粉 · · · · · · · · · · · · · · ·	200 克
盐 · · · · · · · · · · · · · · ·	9 克
奶粉 · · · · · · · · · · · · · · ·	12 克
蜂蜜 · · · · · · · · · · · · · · ·	10 克
古法红糖 · · · · · · · · · · · · · · ·	85 克
汤种 · · · · · · · · · · · · · · ·	100 克
即发干酵母 · · · · · · · · · · · · · · ·	3 克
B 水（煮红糖用） · · · · · · · · · · ·	120 克
C 黄油 · · · · · · · · · · · · · · ·	60 克

卷入用

古法红糖碎 150 克

表面用

蛋液适量

参考数量

450 克吐司模 2 个

■ 做法

1. 水中加入古法红糖，放锅内加热。边加热边搅拌，待红糖溶于水，糖水微微沸腾起泡后关火，放凉待用。

2. 冷藏中种：将中种材料混合，搅拌至材料均匀溶解，面团变柔滑。将面团在室温下放置到体积增加近1倍大，再放入冰箱（4~6℃）冷藏发酵14~18小时。第二天发至3.5~4倍大后使用。

3. 将除黄油以外的主面团材料混合，同时加入切块的中种，搅拌至面团卷起有弹性、拉长不易断，可以延展出稍薄的面筋薄膜，加入黄油，继续搅拌到完全阶段（图1）。

4. 将面团整理平整放入容器中，在室温（25~28℃）下进行基础发酵。

5. 发至2倍大。将面团平均分成6份，滚圆后松弛20分钟（图2）。

6. 将面团正面在上，稍压扁后擀成椭圆形，翻面，横放，表面铺放25克古法红糖碎，两侧边缘和底边留出不放（图3）。

7. 将古法红糖碎稍向下压，将面团从上至下卷成长卷，捏紧底部接缝和两端收口，然后稍搓长（图4）。余下的面团同样操作。

8. 面团3个一组，呈扇形摆放（图5），按三股辫编结方法编成三股辫，并捏紧两端收口（图6）。

9. 将整形好的面团放入模具内，在温暖湿润（32℃）的环境中进行最后发酵（图7）。

10. 发至模具八分满（图8），将面团表面薄刷蛋液，放入预热好的烤箱中下层，以上火170℃、下火220℃烘烤36分钟。出炉震模后立刻脱模。

> 提示：
> 这里使用的是云南古法红糖碎。如果是整块的古法红糖，可以切成小块后使用。建议不要切太细，否则烘烤时红糖会很快熔化流出，堆积在面包底部。

蜜豆微剥吐司

■ 材料

冷藏中种

高筋面粉 · · · · · · · · · · · · · · · · · · 375 克

水 · 225 克

即发干酵母 · · · · · · · · · · · · · · · · · 2.5 克

蜂蜜 · 5 克

主面团

A 高筋面粉 · · · · · · · · · · · · · · · · · 165 克

细砂糖 · 55 克

盐 · 8 克

奶粉 · 20 克

即发干酵母 · · · · · · · · · · · · · · · · · · 3 克

B 全蛋液 · · · · · · · · · · · · · · · · · · · 80 克

蛋黄液 · 15 克

鲜奶 · 45 克

C 黄油 · 65 克

馅料

蜜红豆 100 克

表面用

黄油适量

参考数量

450 克吐司模 2 个

■ 做法

1 冷藏中种：将中种材料混合，搅拌至材料均匀溶解，面团变柔滑。将面团在室温下放置到体积增加近1倍大，再放入冰箱（4~6℃）冷藏发酵14~18小时。第二天发至3.5~4倍大后使用。

2 将除黄油以外的主面团材料混合，同时加入切块的中种，搅拌至面团卷起变柔滑，可以拉展出稍厚的面筋薄膜，加入黄油，继续搅拌到扩展阶段，完成的面温在23~25℃。

3 将面团整理平整放入容器中，放入冰箱冷藏30分钟。

4 将面团擀开成长方形（图1），分别将面团的左1/8、右3/8部分向中间折（图2），再对折，即完成一次四折（图3）。

5 将面团转90°，沿折边擀成长方形（图4），方法同步骤4，再完成一次四折的折叠（图5）。

6 将折叠好的面团装袋密封，放入冰箱冷藏20分钟。

7 将面团平均分成4份，滚圆后松弛20分钟（图6）。

8 将面团正面在上，稍压扁，擀成椭圆形（图7），翻面，从上向下卷成卷（图8），继续松弛20分钟。

9 将面团竖放，稍压扁，擀开成长条形，翻面，表面放25克蜜红豆（图9），底部边缘留出不放。蜜豆稍向下压，将面团从上向下卷成卷（图10）。

10 将整形好的面团收口在下，2个一组放入吐司模内，在温暖湿润（30℃）的环境中进行最后发酵（图11）。

11 发至模具九分满（图12），放入预热好的烤箱中下层，以上火170℃、下火220℃烘烤36分钟。出炉震模后立刻脱模，趁热在表面刷适量软化的黄油。

双巧吐司

不同风味的巧克力在口中融化，有如蛋糕般松软湿润的面包体作衬托，为你带来多重的味蕾享受。

■ 材料

冷藏中种

高筋面粉··················· 360 克

水····················· 215 克

即发干酵母··············· 2.5 克

蜂蜜····················· 5 克

主面团

A 高筋面粉················ 80 克

低筋面粉················· 80 克

红糖····················· 75 克

盐······················ 7 克

奶粉····················· 10 克

可可粉··················· 35 克

即发干酵母··············· 2.5 克

B 动物性鲜奶油············· 80 克

蛋黄液··················· 40 克

蜂蜜····················· 20 克

水······················ 42 克

C 黄油····················· 60 克

D 63% 可可含量的耐高温巧克力豆和46% 可可含量的耐高温巧克力豆 ······· 各 75 克

表面用

黄油适量

参考数量

450 克吐司模 2 个

■ 做法

1 冷藏中种：将中种材料混合，搅拌至材料均匀溶解，面团变柔滑（图1）。将面团在室温下放置到体积增加近1倍大，再放入冰箱（4~6℃）冷藏发酵14~18小时。第二天发至3.5~4倍大后使用（图2）。

2 将除黄油和耐高温巧克力豆以外的主面团材料混合，同时加入切块的中种，搅拌至面团卷起有弹性、拉长不易断，可以拉展出稍薄的面筋薄膜，加入黄油，继续搅拌到完全阶段。

3 将面团摊平，铺放耐高温巧克力豆（图3），包起（图4），用切刀将面团切开（图5），切开的面团叠放后再切开，不断重复直至材料混合均匀（图6）。切拌好的面团在台面上静置10分钟（注意覆盖，防止干皮）。

4 将面团整理成圆滑状态放入发酵盒内，在室温
（25~28℃）下基础发酵30分钟（图7）。

5 将面团均分成6份（图8），滚圆后松弛20分钟
（图9）。

6 将面团正面在上，用手掌拍扁成椭圆形（图
10），翻面，竖放（图11），将左、右1/3部分
向中间折（图12）。

7 一只手提起面团的下端，另一只手的手掌由上
至下拍打面团（图13），使面团自然变长（图
14）。

8 翻面（图15），由上向下卷成卷（图16）。

9 将整形好的面团收口在下，3个一组放入吐司模
内，在温暖湿润（32℃）的环境中进行最后发酵
（图17）。

10 发至模具九分满（图18），放入预热好的烤箱中
下层，以上火170℃、下火220℃烘烤36分钟。
出炉震模后立刻脱模，趁热在表面刷适量软化
的黄油。

双巧吐司 & 香蕉乳酪酱

　　巧克力和香蕉很搭，将双巧吐司切片后抹香蕉
乳酪酱，随手就变出一道简单的美味。

香蕉乳酪酱

　　去皮的香蕉1根，用叉子压成泥，和30克奶油奶
酪混合均匀即可。

> 提示：
> 1. 63%可可含量的耐高温巧克力豆带有清苦的可可香
>   气，46%可可含量的耐高温巧克力豆温和顺滑，混
>   合使用两种可可含量不同的巧克力豆，可以让吐司
>   味道更加丰富。
> 2. 红糖如有结块，要将其打碎后使用。

第四章 PART 4

健康低脂欧风面包

· HEALTHY LOW FAT EUROPEAN STYLE BREAD ·

鲜奶樱桃

■ 材料

面团

A 高筋面粉	· · · · · · · · · · · · · ·	240 克
低筋面粉	· · · · · · · · · · · · · ·	60 克
细砂糖	· · · · · · · · · · · · · ·	10 克
盐	· · · · · · · · · · · · · ·	4 克
奶粉	· · · · · · · · · · · · · ·	10 克
即发干酵母	· · · · · · · · · · · · · ·	3 克
B 樱桃果酱	· · · · · · · · · · · · · ·	45 克
鲜奶	· · · · · · · · · · · · · ·	190 克
C 黄油	· · · · · · · · · · · · · ·	25 克
D 糖水樱桃	· · · · · · · · · · · · · ·	60 克

馅料 樱桃果酱适量

表面用 高筋面粉适量

参考数量

5个

■ 做法

1 将糖水樱桃沥干水分，切成小丁。

2 将除黄油和糖水樱桃以外的面团材料混合，搅拌至面团卷起变柔滑，能够拉展出稍厚的面筋薄膜，加入黄油，继续搅拌至扩展阶段，最后放入糖水樱桃丁搅拌均匀。将面团整理平整放入容器中，在室温（25~28℃）下进行基础发酵（图1）。

3 发至原体积的2~2.5倍大（图2）。

4 将面团平均分成5份，约125克/个，滚圆后松弛20分钟（图3）。

5 将面团的下半部向下擀开（图4），左上的外侧部分向左上角方向擀开（图5），右上的外侧部分向右上角方向擀开，使面团有均匀的3个长角，分别为角①、②、③，面团的中间部分抹适量樱桃果酱（图6）。

6 一只手拉起角①向中间折（图7），另一只手拉起角②向右上方折，部分压在角①上，并将尾端压在面团下面（图8）。提起角③向下方折，部分压在角②上，并将尾端压在面团下面（图9），最后将角①左折，部分压在角③上面，并

将尾端压在面团下面（图10）。整理面团，尾端要压好，防止烘烤时爆开。

7 将整形好的面团摆放在烤盘上，在温暖湿润（30℃）的环境中进行最后发酵（图11）。

8 发至原体积的2倍大，将面团表面筛薄粉（图12），放入预热好的烤箱中层，上、下火190℃烘烤22分钟。出炉放凉，中间再放适量樱桃果酱。

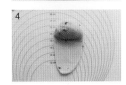
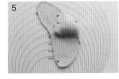

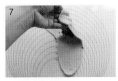

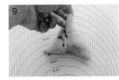
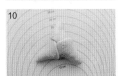

糖水樱桃

材料：樱桃 300 克，冰糖 105 克，水 190 克。

做法：樱桃洗净，去蒂、去核，放入水中，和冰糖一起用大火煮沸，再转小火煮 1 分钟。放凉后装入煮沸消毒过的瓶中冷藏保存，浸泡 1 天后就可以使用。

樱桃不用切开去核，用筷子从顶端捅入，穿透樱桃将核推出即可。糖量可以根据自己口味调节，但用量不宜过少，否则长时间保存时容易变质。

红酒桂圆

■ 材料

面团

A 高筋面粉······················270克
全麦粉·······················30克
红糖·························20克
盐··························4克
即发干酵母····················3克
B 蜂蜜·······················10克
鲜奶·······················210克
C 黄油·······················25克
D 桂圆干······················30克
葡萄干······················30克
红酒（泡果干用）···············35克

表面用

高筋面粉适量

参考数量

5个

■ 做法

1 将桂圆干、葡萄干洗净后沥水，加红酒混合均匀，密封放置一晚后使用（图1）。

2 将除黄油和材料D以外的面团原料混合，搅拌至面团卷起变柔滑，能够拉展出稍厚的面筋薄膜，加入黄油，继续搅拌至扩展阶段，最后加入酒泡果干搅拌均匀。将面团整理平整放入容器中，在室温（25~28℃）下进行基础发酵（图2）。

3 发至原体积的2~2.5倍大。

4 将面团平均分成5份，约130克/个，滚圆后松弛15分钟（图3）。

5 将面团拍扁收整成圆形，摆放在烤盘上，在温暖湿润（30℃）的环境中进行最后发酵（图4）。

6 发至接近原体积的2倍大，将面团表面筛薄粉，割双十字口（图5）。

7 放入预热好的烤箱中层，上、下火190℃烘烤22分钟。

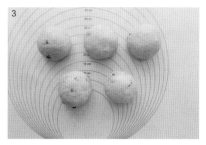

红茶乳酪

■ 材料

面团

A 高筋面粉·····················250 克

　法国 T55 粉·················50 克

　细砂糖·······················25 克

　盐·····························3.5 克

　即发干酵母···················3 克

B 鲜奶·························210 克

C 黄油·························20 克

D 伯爵红茶碎···················5 克

馅料

奶酪馅：奶油奶酪 120 克、糖粉 10 克

表面用

高筋面粉适量

参考数量

5 个

■ 做法

1 奶油奶酪加糖粉，用刮刀抹拌成均匀顺滑的状态，制成奶酪馅。

2 将除黄油和伯爵红茶碎以外的面团材料混合，搅拌至面团卷起变柔滑，能够拉展出稍厚的面筋薄膜，加入黄油，继续搅拌至扩展阶段，最后加入红茶碎搅拌均匀。将面团整理平整放入容器中，在室温（25~28℃）下进行基础发酵（图1）。

3 发酵至原体积的2~2.5倍大（图2）。

4 将面团平均分成5份，约110克/个，滚圆后松弛20分钟（图3）。

5 将面团擀成长圆形，横放（图4），上半部分抹适量奶酪馅，边缘处留出不抹（图5）。

6 将面团从上向下卷成卷（图6），捏紧边缘接缝和两端收口处（图7）。

7 将面团均匀搓长（图8），一端收口打开（图9），接缝向上弯成圆形，打开的一端包覆住另一端（图10），捏紧收口（图11）。

8 将面团接缝向下摆放在烤盘上，在温暖湿润（30℃）的环境中进行最后发酵（图12）。

9 发至接近原体积的2倍大，将面团表面筛薄粉后割口（图13）。

10 放入预热好的烤箱中层，上、下火190℃烘烤18分钟。

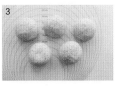

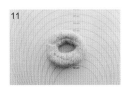

巧克力香蕉包

■ 材料

面团

A 高筋面粉	····················	300 克
低筋面粉	····················	30 克
可可粉	····················	15 克
细砂糖	····················	25 克
盐	····················	4 克
香蕉泥	····················	80 克
即发干酵母	····················	3 克
B 鲜奶	····················	165 克
C 黄油	····················	25 克
D 耐高温巧克力豆	···············	40 克

表面用

高筋面粉适量

参考数量

5 个

■ 做法

1. 将除黄油和耐高温巧克力豆以外的面团材料混合，搅拌至面团卷起变柔滑，能够拉展出稍厚的面筋薄膜，加入黄油，继续搅拌至扩展阶段，最后加入耐高温巧克力豆搅拌均匀。将面团整理平整放入容器中，在室温（25~28℃）下进行基础发酵（图1）。

2. 发至原体积的2~2.5倍大（图2）。

3. 将面团平均分成5份，约130克/个，滚圆后松弛15分钟（图3）。

4. 将面团正面在上（图4），压扁后翻面（图5），对折（图6），稍收紧面团（图7）。将面团转90°（图8），对折（图9），将面团收整成圆形（图10）。

5. 将面团摆放在烤盘上，在温暖湿润（30℃）的环境中进行最后发酵（图11）。

6. 发至接近原体积的2倍大（图12），将面团表面筛薄粉，割十字口（图13）。

7. 放入预热好的烤箱中层，上、下火190℃烘烤22分钟（图14）。

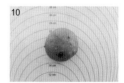
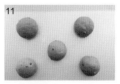

> 提示：
> 选用熟透的、带小黑点的香蕉，香气会比较浓郁。

鲜奶蜜豆面包

■ 材料

面团

A 高筋面粉······················250 克

全麦粉··························60 克

细砂糖··························10 克

盐·····························4 克

奶粉··························10 克

即发干酵母······················3 克

B 鲜奶··························215 克

炼乳··························25 克

C 黄油··························25 克

D 蜜红豆························60 克

表面用

高筋面粉适量

参考数量

5 个

■ 做法

1. 将除黄油、蜜红豆以外的面团材料混合，搅拌至面团卷起变柔滑，能够拉展出稍厚的面筋薄膜，加入黄油，继续搅拌至扩展阶段（图 1），最后加入蜜红豆搅拌均匀。将面团整理平整（图 2）放入容器中，在室温（25~28℃）下进行基础发酵。

2. 发至原体积的 2~2.5 倍大（图 3）。

3. 将面团平均分成 5 份，约 128 克/个，滚圆后松弛 20 分钟（图 4）。

4. 将面团擀长，翻面（图 5），从上向下卷成卷（图 6），捏紧底部接缝和两端收口处（图 7）。

5. 面团竖放，将上半部分擀长（图 8），擀开的部分纵切成两半（图 9），未擀开的部分稍压平。将切开的右半部分向左下方翻折（图 10），左半部分向右下方翻折，并把尾端压在面团下面（图 11）。

6. 将整形好的面团摆放在烤盘上，在温暖湿润（30℃）的环境中进行最后发酵（图 12）。

7. 发至原体积的 2 倍大，面团表面筛薄粉，放入预热好的烤箱中层，上、下火 190℃烘烤 22 分钟。

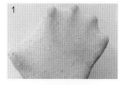

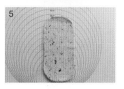
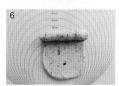
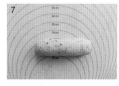
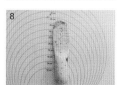
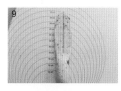
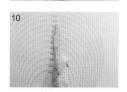
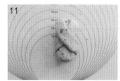

可可南瓜堡

■ 材料

主面团

A 高筋面粉 · 290 克

全麦粉 · 20 克

细砂糖 · 25 克

盐 · 4 克

南瓜泥 · 80 克

即发干酵母 · 3 克

B 鲜奶 · 165 克

C 黄油 · 25 克

D 可可糊（做巧克力面团用）：

可可粉 · 12 克

水 · 15 克

馅料

南瓜泥 150 克、奶油奶酪 150 克

表面用

高筋面粉适量

参考数量

汉堡模（直径约 10 厘米）6 个

■ 做法

1 南瓜切块，蒸熟后去皮碾压成泥，放入锅内用小火翻炒收干水分，放凉待用。

2 可可糊：将可可粉加入 60℃的水，拌匀成均匀的糊状，放凉后使用。

3 将除黄油和材料 D 以外的面团原料混合，搅拌至面团卷起变柔滑，能够拉展出稍厚的面筋薄膜，加入黄油，继续搅拌至扩展阶段。

4 切取 2/3 量的面团（约 420 克），此为南瓜面团。将其整理成圆滑状态放入容器中，在室温（25~28℃）下进行基础发酵（图 1），发至 2~2.5 倍大。

5 将余下 1/3 量的面团（约 210 克）和可可糊混合，揉均匀，此为巧克力面团。同样放入容器中进行基础发酵（图 2）。

6 将南瓜面团均分成 6 份，约 70 克 / 个，滚圆后松弛 15 分钟（图 3）。

7 将巧克力面团均分成 6 份，约 35 克 / 个，滚圆后松弛 15 分钟（图 4）。

8 将南瓜面团擀成圆形，先放 25 克南瓜泥，再放 25 克奶油奶酪（图 5），包好并捏紧收口。

9 将巧克力面团擀成圆形，大小为能够将南瓜面团包住即可。南瓜面团底部向上放在巧克力面团的中间（图 6），包起并捏紧收口。

10 将面团收口向下放置（图 7），用利刀在表面划螺旋割纹（图 8）。

11 将整形好的面团放入模具，在温暖湿润（30℃）的环境中进行最后发酵（图 9）。

12 发至原体积的 2 倍大，将面团表面筛薄粉（图 10），放入预热好的烤箱中层，上、下火 190℃烘烤 22 分钟。

> 提示：
> 南瓜泥含水量可能不同，面团的实际用水量可能会有较大差异，要灵活掌握。

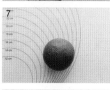

杂粮蜜豆乳酪包

■ 材料

面团

A 高筋面粉······················210 克

  黑麦粉··························60 克

  全麦粉··························30 克

  细砂糖··························20 克

  盐·····························4 克

  低糖即发干酵母···················3 克

B 水····························210 克

C 黄油··························20 克

馅料

芝麻乳酪馅：奶油奶酪 180 克、蜂蜜
20 克、黑芝麻碎 15 克；蜜红豆 250
克

表面用

炒熟的白芝麻适量

参考数量

6 个

■ 做法

1　芝麻乳酪馅：将奶油奶酪加蜂蜜拌至均匀顺滑的状态，再加入黑芝麻碎搅拌均匀（图1）。

2　将除黄油以外的面团材料混合，搅拌至面团卷起变柔滑，能够拉展出稍厚的面筋薄膜，加入黄油，继续搅拌至扩展阶段。将面团整理平整放入容器中，在室温（25~28℃）下进行基础发酵（图2）。

3　发至原体积的2~2.5倍大（图3）。

4　将面团平均分成6份，约90克/个，滚圆后松弛20分钟（图4）。

5　将面团稍压扁（图5），擀长，翻面后整理平整（图6），表面抹芝麻乳酪馅，两侧边缘和底部留出不抹（图7），再撒适量蜜红豆（图8），将蜜红豆稍向下压。

6　将面团从上向下卷成卷（图9），捏紧两端和底部边缘接缝处，前后推滚收整成橄榄形。

7　将面团稍压扁（图10），表面喷雾水后沾炒熟的白芝麻。

8　将整形好的面团摆放在烤盘上，在温暖湿润（30℃）的环境中进行最后发酵（图11）。

9　发至接近原体积的2倍大，表面割三道斜口（图12），放入预热好的烤箱中层，上、下火190℃烘烤18分钟。

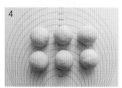
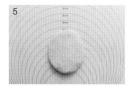

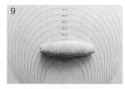
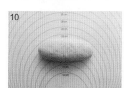

综合田园芝士

■ 材料 ━━━━━━━━

面团

A 高筋面粉·····················300 克

　细砂糖····················24 克

　盐························5 克

　黑胡椒粉···················1 克

　即发干酵母··················3 克

B 鲜奶······················200 克

　全蛋液····················20 克

C 黄油······················20 克

D 黑橄榄····················20 克

　胡萝卜丝（煮过）··············60 克

　熟玉米粒···················70 克

　高熔点奶酪丁·················70 克

表面用

帕玛森芝士粉适量

参考数量

5 个

■ 做法

1　黑橄榄切片，与煮过的胡萝卜丝和玉米粒一同沥干水分后盛盘备用（图 1）。

2　将除黄油和材料 D 以外的面团材料混合，搅拌至面团卷起变柔滑，能够拉展出稍厚的面筋薄膜，加入黄油，继续搅拌至扩展阶段（图 2）。

3　将面团摊平，把步骤 1 的材料和高熔点奶酪丁铺在上面（图 3），包起，用切刀将面团切开，切开的面团叠放后再切开（图 4），不断重复直到材料混合均匀（图 5）。

4　切拌好的面团在台面上静置 10 分钟（要注意覆盖，防止干皮）。将面团整理成圆滑状态放入发酵盒内，在室温（25~28℃）下进行基础发酵（图 6）。

5　发至原体积的 2~2.5 倍大（图 7）。

6　将面团平均分成 5 份（图 8），约 155 克/个，滚圆后松弛 15 分钟（图 9）。

7　将面团拍扁收整成圆形，捏紧底部收口。面团表面喷雾水，沾帕玛森芝士粉（图 10）。

8　将面团摆放在烤盘上，在温暖湿润（30℃）的环境中进行最后发酵（图 11）。

9　发至原体积的 2 倍大（图 12），放入预热好的烤箱中层，上、下火 190℃烘烤 23 分钟（图 13）。

全麦脆肠

■ 材料

面团

A 高筋面粉 · 200 克

　全麦粉 · 50 克

　细砂糖 · 12 克

　盐 · 4 克

　奶粉 · 15 克

　即发干酵母 · · · · · · · · · · · · · · · · · · · 3 克

B 水 · 158 克

　蜂蜜 · 15 克

C 黄油 · 15 克

馅料

脆皮热狗肠 5 根

表面用

高筋面粉适量

参考数量

5 个

■ 做法

1. 将除黄油以外的面团材料混合，搅拌至面团卷起变柔滑，能拉出稍厚的面筋薄膜，加入黄油继续搅拌至扩展阶段。将面团整理平整放入容器中，在室温（25~28℃）下进行基础发酵（图 1）。

2. 发至原体积的 2~2.5 倍大（图 2）。

3. 面团平均分成 5 份，约 92 克 / 个，滚圆后松弛 20 分钟（图 3）。

4. 将面团压扁后擀开，长度和脆皮热狗肠的长度基本相同（图 4）。翻面，将面团的上 1/3 部分向下折（图 5），下 1/3 部分向上折（图 6）。

5. 将面团压扁（图 7），中间放一根脆皮热狗肠（图 8），对折面团将肠包起（图 9），捏紧两端收口和边缘接缝处（图 10），前后推滚收整成橄榄形（图 11）。

6. 将整形好的面团摆放在烤盘上，在温暖湿润（30℃）的环境中进行最后发酵（图 12）。

7. 发至接近原体积的 2 倍大（图 13），将面团表面筛薄粉，用利刀割 4 道斜口（图 14）。

8. 放入预热好的烤箱中层，上、下火 190℃ 烘烤 18 分钟。

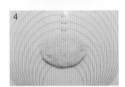
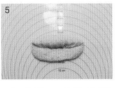
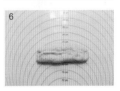
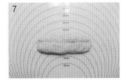
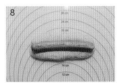
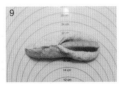

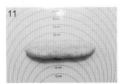

紫米奶酪包

■ 材料

冷藏中种

高筋面粉	195 克
蜂蜜	2 克
即发干酵母	1.3 克
水	117 克

主面团

A 高筋面粉	75 克
全麦粉	50 克
细砂糖	28 克
盐	5 克
即发干酵母	2 克
B 水	85 克
C 黄油	15 克

紫糯米馅

蒸熟的紫糯米、多彩蜜豆、蜜红豆、葡萄干适量

奶酪馅

奶油奶酪 200 克、炼乳 15 克、沙拉酱（原味或香甜味）35 克

表面用

高筋面粉适量

参考数量

5 个

■ 做法

1　紫糯米馅：葡萄干洗净后沥干水分，将蒸熟的紫糯米放至微温，加入多彩蜜豆、蜜红豆、葡萄干拌均匀，放凉待用（图 1）。

2　奶酪馅：奶油奶酪加炼乳、沙拉酱拌至均匀顺滑。

3　冷藏中种：将中种材料混合，搅拌至材料均匀溶解，面团变柔滑。将面团在室温下放置到体积增加近 1 倍大，再放入冰箱（4~6℃）冷藏发酵14~18 小时。第二天发至 3.5~4 倍大后使用。

4　将主面团的所有材料混合，同时加入切块的中种，搅拌至面团光滑有弹性，能够延展出薄膜的扩展阶段。将面团整理平整放入容器中，在室温（25~28℃）下进行基础发酵（图 2）。

5　发至原体积的 2 倍大（图 3）。将面团平均分成5 份，约 110 克 / 个，滚圆后松弛 20 分钟（图4）。

6　面团稍压扁后擀长，翻面。面团的上 2/3 部分先铺一层奶酪馅，再铺一层紫糯米馅，两侧边缘留出不放（图 5）。

7　将面团由上向下卷成卷，捏紧两端收口和底部边缘接缝处（图 6）。

8　将面团稍压扁，摆放在烤盘上，在温暖湿润（30℃）的环境中进行最后发酵（图 7）。

9　发至接近原体积的 2 倍大，将面团表面筛薄粉，浅割斜口（图 8）。

10　放入预热好的烤箱中层，上、下火 190℃烘烤 22分钟。

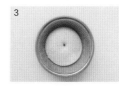

雪面包

■ 材料 ━━━━━━━━━━━

冷藏中种

高筋面粉·······················190 克

水······························115 克

即发干酵母·····················1.2 克

主面团

A 高筋面粉······················35 克

低筋面粉·······················90 克

盐·····························5 克

细砂糖··························25 克

即发干酵母······················2 克

B 蜂蜜··························5 克

白葡萄酒·······················25 克

水····························60 克

C 黄油·························22 克

馅料

芒果干 90 克、白葡萄酒 30 克;奶油奶酪 270 克

表面用

高筋面粉适量

参考数量

6 个

■ 做法

1 芒果干切成小丁,加入白葡萄酒混合均匀,密封放置一晚,第二天使用(图 1)。

2 冷藏中种:将中种材料混合,搅拌至材料均匀溶解,面团变柔滑(图 2)。将面团在室温下放置到体积增加近 1 倍大,再放入冰箱(4~6℃)冷藏发酵 14~18 小时。第二天发至 3.5~4 倍大后使用(图 3)。

3 将除黄油以外的主面团材料混合,同时加入切块的中种,搅拌至面团卷起变柔滑,能够拉展出稍厚的面筋薄膜,加入黄油,继续搅拌至扩展阶段。将面团整理平整放入容器中,在室温下放置10 分钟(图 4)。

4 将面团平均分成 6 份,约 92 克 / 个,滚圆后松弛 15 分钟(图 5)。

5 将面团擀成圆形(图 6),翻面,先放 20 克芒果丁(图 7),再放 45 克奶油奶酪(图 8),包好并捏紧收口(图 9)。

6 将面团摆放在烤盘上,在温暖湿润(30℃)的环境中进行最后发酵(图 10)。

7 发至原体积的 2 倍大,表面筛薄粉(图 11)。

8 放入预热好的烤箱中层,上、下火 160℃烘烤 22 分钟(图 12)。

> 提示:
> 1. 奶油奶酪要提前从冷藏室取出,在室温下回温后再使用。
> 2. 为了获得面包雪白软嫩的效果,烘烤时要注意温度的控制,防止表皮上色。

无花果乳酪角

■ 材料

冷藏中种

高筋面粉·····················190 克

水··························115 克

即发干酵母·················1.2 克

主面团

A 高筋面粉····················35 克

低筋面粉····················90 克

盐··························5 克

细砂糖······················25 克

即发干酵母··················2 克

B 蜂蜜·······················5 克

红葡萄酒····················25 克

水··························60 克

C 黄油·······················22 克

D 核桃仁·····················15 克

馅料

中等大小无花果干 18 颗、红葡萄酒 25 克、水 25 克；奶油奶酪 270 克

表面用

高筋面粉适量

参考数量

6 个

■ 做法

1 无花果干和红葡萄酒、水混合均匀，密封冷藏24小时。中间翻拌几次以混合更加均匀，将无花果干充分浸泡到完全变软。用前沥干水分，将部分酒泡无花果干对半切开。

2 冷藏中种：将中种材料混合，搅拌至材料均匀溶解，面团变柔滑。将面团在室温下放置到体积增加近1倍大，再放入冰箱（4~6℃）冷藏发酵14~18小时。第二天发至3.5~4倍大后使用。

3 将除黄油和核桃仁以外的主面团材料混合，同时加入切块的中种，搅拌至面团卷起变柔滑，能够拉展出稍厚的面筋薄膜，加入黄油，继续搅拌至扩展阶段，最后加入切块的核桃仁搅拌均匀。将

面团整理平整放入容器中，在室温（25~28℃）下进行基础发酵（图1）。

4 发至2倍大（图2）。将面团平均分成6份，约95克/个，滚圆后松弛15分钟（图3）。

5 将面团擀成圆形，翻面，先放45克奶油奶酪，再放2~3颗酒泡无花果干（图4）。

6 将面团上半部分的左、右两边向内翻折，捏合边缘使上端成尖角状（图5），再将面团下半部分上折，捏合边缘接缝处，中间部分留出不要完全闭合，整形好的面团呈三角形状（图6）。

7 面团收口向下放在发酵布上，在温暖湿润（30℃）的环境中进行最后发酵（图7）。

8 发至接近原体积的2倍大（图8），翻转面团，将面团收口向上摆放在铺了油布的平烤盘上。用刀片从面团中心沿接缝处划短口（图9），表面筛薄粉。

9 打开以230℃预热好的烤箱，将面团连同油布一起滑送到石板上，向装有重石的烤盘里倒150毫升开水，上、下火210℃烘烤8分钟，取出装有重石的烤盘，190℃继续烘烤10分钟（图10）。

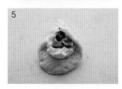

第五章　PART 5

酥皮面包

· PASTRY BREAD ·

关于酥皮面包

Q 烤好的可颂膨胀度差，没有层次感？

A 最常见的原因是折叠擀开操作不当，造成黄油层薄厚不均，或大块固结，或太薄使面皮层粘黏，导致黄油与面团间的平衡被破坏而出现混酥。另外一个常见原因是最后发酵温度偏高，黄油熔化流出。这些状态不佳的面团烘烤后体积小、层次感差，吃起来口感油腻。

Q 片状黄油擀开时碎了？

A 这是由于黄油温度偏低失去延展性造成的。较硬的黄油需要用擀面杖反复敲打，直到变软出现黏土性状，用手弯曲不会断裂、用手指接触也不会留下指痕的程度才适合擀开。

Q 擀开面团时里面的黄油会从两侧冒出来？

A 由于面团温度偏高导致黄油变软，黄油的延展速度比面团快，擀开时会从两侧冒出来，这时要立刻放入冰箱降温。

Q 为什么面团擀开后会回缩？

A 主要由于面团筋度高、松弛时间短等导致面团无法顺利延展，造成面团擀开后会回

缩，这时需要停止操作，将面团放入冰箱进行松弛。

Q 最后发酵时黄油从面团里面流出来了？

A 最后发酵的温度偏高，会导致黄油层熔化流出。因此酥皮类面团的最后发酵温度不要超过28℃。

Q 为什么可颂烘烤时侧边会开裂？

A 可颂的底部侧边为上、下火交界处，烘烤时结皮最晚。由于面团筋度偏高、松弛不充分、整形时卷太紧、最后发酵不足等原因，造成面团烘烤时的延展速度跟不上膨胀速度，在内部压力的作用下，抗压性相对薄弱的侧边会被撑裂开，开裂的可颂会因缺乏向上的膨胀力而变得形状扁平。

Q 可颂烘烤时会有很多黄油流到烤盘上？

A 烘烤结束的可颂基本只有油痕留在烤盘上，如果面团流出很多油，最常见的原因是混酥，最后发酵不足的面团烘烤时也会有较多黄油流出。

酥皮类面包的制作要点

酥皮类面包美丽的蜂巢组织是由层层交替堆叠的面皮层和黄油层经过高温烘烤而成的。烘烤过程中酵母产气使面团膨胀，面团中的水分汽化，同时黄油中的水分也变成水蒸气，将面皮层推开从而在层与层之间形成许多空隙，也因此造就了成品多蜂巢状的组织以及轻盈酥脆的口感，这也正是酥皮类面包最具特色的地方。

酥皮类面团的制作关键是温度的控制和折叠擀开的技巧，家庭制作虽然没有专业的环境和设备，但只要方法得当，同样可以做出令人满意的成品。

面团的搅拌

理想的酥皮类面团擀开时要有良好的延展性，筋度不能高，能够轻松擀开、不断筋，而入炉后又需要具备良好的膨胀力，使体积膨大、外形饱满。搅拌、发酵、擀开等操作都可以强化面筋，因此基础发酵时间长、折叠次数多的面团可以少搅拌些，基础发酵时间短、折叠次数少的面团可以多搅拌些，搅拌完成的面温不要超过25℃。

裹入油的软硬度

黄油是可颂的灵魂，面包制作中使用由动物黄油加工而成的片状黄油，它天然健康并具有自然的黄油香气。片状黄油和普通黄油相比含水量低、熔点偏高，不易熔化，所以操作相对比较容易（图1）。

手工开酥和机器开酥相比，毕竟没有机器擀压的力道均匀，裹入油的用量不能太少，否则会增加混酥的风险，黄油使用量为总面粉量的50%~60%是比较安全的范围。使用时按照所需重量，切取整齐的形状使用（图2）。

片状黄油擀开时的软硬度要像黏土般，用手折可以弯曲，既不会被折断也不会熔化。10~12℃是比较理想的温度，面温低时黄油偏硬，其延展速度比面团慢，擀开时还有可能碎裂，导致黄油层断开失去连贯性，即所说的断油。面温高时黄油偏软，黄油的延展速度比面团快，擀开时黄油会从面团两侧冒出来，即所说的出油，同时容易造成面皮层吃油粘黏。

在实际制作中，擀开初期常遇到的是黄油偏硬，这时可以用擀面杖轻轻敲打或者用手按压使其慢慢恢复延展性，而后期随着层次越来越薄，黄油更容易出现偏软现象，这时要及时放入冰箱降温。

面团的擀开

面团和黄油的软硬度要相同，二者才能以同样的速度延展。擀开时力道要均匀，把自己想象成像压面机一样地延压面团，使各层厚度保持均匀一致，成品才能呈现出漂亮的层次。如果面团和黄油的软硬度没有配合好或者操作力度不均，会导致面团层次混乱，成品内部或出现多层粘黏或有大的空洞，即常说的混酥，从而失去酥脆轻盈的口感，吃起来油腻。

关于擀开的方向，每次都要在前一次折叠完的基础上将面团旋转 90° 再擀开，让面筋换个方向延展。如果始终在同一方向擀压，会造成面团延展不均匀，同时会因被过度抻拉而不易擀开。

面团应该擀多厚？总的来说折叠擀开的厚度要一次比一次薄，可颂、丹麦类面团最后要擀到 3~4 毫米厚，金砖、手撕类面团稍厚些，最后要擀到 5~7 毫米。

松弛和降温

面团在不断折叠擀开的过程中筋度会越来越高，擀开后出现回缩，这表明面团需要进行适当地松弛了。配方中的松弛时间仅为参考，操作中只要出现回缩，就要将面团冷冻 20~30 分钟再继续操作。

冷冻可以起到给面团降温的作用，阻止面团发酵，同时将黄油控制在理想的操作状态。当室温偏高时面团升温快，可能只擀开一次面团就已经变软，这时也要停下来放入冰箱冷冻降温。因此将室温控制在比较低的范围操作会比较从容，室温越高操作越要迅速，面团放入冰箱越频繁、放置时间也越长。

折叠次数

面团的折叠次数不同，成品的组织和口感会有不同。可颂多采用三次三折的折叠方式，这样既可以有酥脆的外层，也可以有轻盈柔软的内里组织。折叠次数过多的面团会因为层次过薄而变得不明显，蜂巢小而密，缺乏酥脆的口感；折叠次数较少的面团层次偏厚，蜂巢大而稀疏，口感不够轻盈蓬松。

切割和整形

为了保证成品良好的层次，切割面团前先要将面团两侧的边缘部分切除。测量出需要的尺寸，用刀尖标记后进行切割。切割时用刀竖直向下切压，一次性将面团快速切断。

 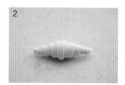

整形时手要避免碰触切面部分（图 1）。以可颂为例，卷好的面团左右对称，理想的圈数为 3 圈至 3 圈半（图 2）。面团要自然卷起，卷得过紧烘烤时容易开裂。

最后发酵

充分到位的最后发酵对于制作出理想的酥皮类面包非常重要。发酵结束的面团充分膨胀，层次打开。发酵不足的面团烘烤时漏油，烤好后的体积小。面团发酵过度，黄油层会逐渐被面皮层吸收，烘烤后的外形扁塌，易出现类似甜面包的组织。

酥皮类面团的最后发酵温度不宜过高，一般控制在 25~27℃，湿度为 75%。发酵温度不宜超过 28℃，面温高会导致黄油层熔化、层次消失，成品不蓬松，口感油腻。

烘烤

高温烘烤过程中黄油熔化，水分变成水蒸气推动面皮层膨胀是形成蜂巢组织的关键。烤箱要充分预热，烘烤初期的膨胀定型阶段不能打开烤箱门。面包烘烤要充分，需要将外皮烤至酥脆，内部组织完全烤熟定型。烘烤不充分的面团中心部分不能充分展开，容易出现粘黏的面皮层。

食用和保存

面包出炉后要放到凉透，待内部组织稳定后才能切开，否则会造成组织粘黏，层次不分明。

酥皮类面包当日食用口感最佳，第二天表皮会回软，可以将表面喷雾水，用烤箱复烤使其恢复酥脆的口感。食用不完的装盒密封冷冻，大约可以保存1周的时间，冷冻时间过久的面包香气会减弱。

片状黄油的擀制

1. 将冷藏温度的片状黄油放在操作台上，表面撒少许手粉，用擀面杖反复敲打，敲打力道要均匀适度(图1)。

2. 敲打过程中要间断将黄油转90°，调换方向以使其均匀地延展。随着敲打黄油逐渐变软、变扁，直到有较好的延展性，用擀面杖擀平成正方形（图2）。

3. 将黄油上的面粉刷干净，把黄油放在油纸中间，将油纸折成大小合适的正方形(图3)。

4. 隔着油纸将黄油擀开，使之均匀地充满在油纸内（图4）。如果不立刻使用，放入冰箱冷藏保存。

酥皮类面团的折叠擀压

三次三折（3×3×3）折叠法

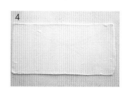

1. 将片状黄油擀压成正方形。依据裹入油的尺寸将面团擀成薄厚均匀的正方形，面积为黄油的2倍大。裹入油放在面团中间（图1）。

2. 将面团的四角拉起内折，让面团完全包覆住黄油，排净里面的空气，捏合边缘接缝处（图2）。

3. 用擀面杖间断按压面团，使面团和黄油更好地贴合（图3）。按压力道要均匀适度，用力过大会把黄油压断。

4. 将面团从中间向两侧擀开成薄厚均匀的长方形（图4）。

5. 先将面团的左1/3部分向中间折（图5）。

6. 再将右1/3部分向中间折，即完成第一次三折（图6）。

7. 将面团转90°（图7）。

8. 顺着折边将面团擀开成薄厚均匀的长方形（图8）。

9. 将面团的左1/3部分向中间折（图9）

将面团的右1/3部分向中间折，即完成第二次三折（图10）。将面团装袋密封，冷冻30分钟。

10. 顺着折边将面团擀开成薄厚均匀的长方形（图11）。

11. 将面团的左、右1/3部分向中间折，即完成第三次三折（图12）。将面团装袋密封，冷冻30分钟。

二次四折 (4×4) 折叠法

1. 将片状黄油擀压成长方形（图1）。

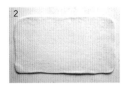

2. 依据裹入油的尺寸将面团擀成薄厚均匀的长方形，面团宽度基本相同，长度约为裹入油长度的2倍(图2）。

3. 将裹入油放在面团中间（图3）。

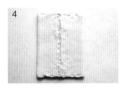

4. 分别将面团的左、右部分向中间折，让面团完全包覆住黄油，排净里面的空气，捏合边缘接缝处（图4）。

5. 将面团转90°，用擀面杖间断按压，使面团和黄油更好地贴合。按压力道要均匀适度，用力过大会把黄油压断（图5）。

6. 将面团从中间向两侧擀开成薄厚均匀的长方形（图6）。

7. 先将面团的左1/8部分向内折（图7）。

8. 再将面团的右3/8部分向内折（图8）。

9. 最后对折，即完成第一次四折（图9）。

10. 将面团转90°，顺着折边将面团擀开成薄厚均匀的长方形（图10）。

11. 分别将面团的左1/8、右3/8部分向内折（图11）。

12. 再对折，即完成第2次四折（图12）。将面团装袋密封，冷冻30分钟。

法式可颂

可颂（Croissant）也称羊角面包。咬开可颂的瞬间随着嚓嚓的声响，轻薄酥脆的外壳大片碎裂，里面包裹着柔软 Q 弹的蜂巢组织，黄油的香气充满在每一个气孔中，与外壳的焦香形成了绝佳的搭配。

■ 材料

面团

A 日清百合花粉 · · · · · · · · · · · · · · · · · 400 克

　细砂糖 · 40 克

　盐 · 8 克

　奶粉 · 10 克

　即发干酵母 · 6 克

　法国老面 · 120 克

B 水 · 220 克

C 黄油 · 30 克

裹入用

片状黄油 240 克

表面用

蛋液适量

参考数量

14 个

■ 做法

1　将除黄油以外的面团材料混合，搅拌至面团卷起，加入黄油，继续搅拌到面团柔软有弹性，可以延展出有一定厚度的面筋薄膜，约八分筋的扩展阶段（图1），完成面温在23~25℃。

2　将面团整理平整放入发酵盒中，在室温下发酵30分钟（图2）。

3　将面团擀压平整，装袋密封，放入4~5℃冰箱冷藏一晚（图3）。

4　将片状黄油擀压成长方形，依据裹入油的尺寸，将面团擀成薄厚均匀的长方形，宽度相同，长度为裹入油长度的2倍。裹入油放在面团中间（图4），分别将面团的左、右部分向中间折，让面团完全包覆住黄油，排净里面的空气，捏合边缘接缝处（图5）。

5　将面团转90°，从中间向两侧擀开成薄厚均匀的长方形（图6），先将面团的左1/3部分向中间折（图7），再将右1/3部分向中间折，即完成第一次三折（图8）。

6 将面团转90°（图9），沿折边将面团擀开成薄厚均匀的长方形（图10），分别将面团的左、右1/3部分向中间折，即完成第二次三折（图11）。

7 面团装袋密封，冷冻30分钟。

8 将面团在前次基础上转90°（图12），顺着折边将面团擀开成薄厚均匀的长方形（图13），分别将面团的左、右1/3部分向中间折，即完成第三次三折（图14）。

9 面团装袋密封，冷冻30分钟。

10 将面团顺着折边擀成4毫米厚的长方形（图15）。

11 切除四周边缘部分，用利刀将面团切割成底边11厘米、高度23厘米的等腰三角形（图16）。

12 先将三角形面团的底边向上卷折，再轻推卷折部分（图17），让面团由下向上自然卷成卷（图18）。

13 将面团尾端压在底部，摆放在烤盘上，在温暖湿润（27℃）的环境中进行最后发酵（图19）。

14 最后发酵结束的面团明显膨胀，层次充分打开，晃动烤盘，面团轻轻颤动（图20）。

15 将面团表面薄刷蛋液，放入预热好的烤箱中层，上、下火210℃烘烤10分钟，待膨胀定型后，转195℃继续烘烤10分钟，至表面呈现棕色。

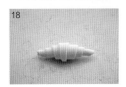

提示：
1. 搅拌完成的面温不要超过25℃。如果温度偏高，可以直接放入冰箱冷藏发酵。
2. 冷藏发酵会让酵母发酵变慢，但并没有停止，放置12小时基本可以完成熟成。冷藏发酵不要超过24小时，以免过度发酵造成面团膨胀力变差。

黑芝麻可颂

在法式可颂的基础上加入黑芝麻粒，就可以变成黑芝麻可颂。

做法：裹入黄油前，在片状黄油上面撒适量炒熟的黑芝麻（图A），余下的操作步骤同"法式可颂"做法。

原味可颂

■ 材料

冷藏中种

高筋面粉·····················255 克

即发干酵母·····················2 克

水·························155 克

主面团

A 高筋面粉·····················90 克

低筋面粉·····················80 克

即发干酵母·····················4 克

细砂糖·······················42 克

盐·························8.5 克

奶粉·························15 克

B 水·························85 克

C 黄油·························40 克

裹入用

片状黄油 240 克

表面用

蛋液适量

参考数量

12 个

■ 做法

1　冷藏中种：将中种材料混合，搅拌至材料均匀溶解，面团变柔滑（图1）。将面团在室温下放置到体积增加近1倍大，再放入冰箱（4~6℃）冷藏发酵14~18小时。第二天发至3.5~4倍大后使用（图2）。

2　将除黄油以外的主面团材料混合，同时加入切块的中种，搅拌至面团变光滑，加入黄油，继续搅拌到完全阶段，完成面温在23~25℃（图3）。

3　将面团整理平整（图4），用擀面杖压扁擀平，装袋密封，冷冻30分钟（图5）。

4　参照酥皮类面团的折叠擀压，三次三折折叠法（p.147），完成可颂面团的制作（图6）。

5　将面团擀成4毫米厚的长方形，切除四周边缘部分，将面团切割成底边11厘米、高度23厘米的等腰三角形（图7）。

6　先将三角形面团的底边向上卷折，再轻推卷折部分，让面团由下向上自然卷成卷（图8、图9）。

7　将面团尾端压在底部，摆放在烤盘上，在温暖湿润（27℃）的环境中进行最后发酵（图10）。

8　发酵好的面团明显膨胀，层次充分打开，晃动烤盘，面团轻轻颤动（图11）。

9　将面团表面薄刷蛋液，放入预热好的烤箱中层，上、下火210℃烘烤10分钟，待膨胀定型后，转190℃继续烘烤10分钟（图12）。

咖啡可颂

■ 材料

冷藏中种

高筋面粉·····················255 克

即发干酵母·····················2 克

水·····························155 克

主面团

A 高筋面粉···················90 克

低筋面粉·····················80 克

速溶咖啡·······················9 克

即发干酵母·····················4 克

细砂糖·······················42 克

盐···························8.5 克

奶粉·························15 克

B 水·························85 克

C 黄油························40 克

裹入用

片状黄油 240 克

卷入用

耐高温巧克力条 2 根 / 个

表面用

蛋液适量

参考数量

12 个

■ 做法

1　冷藏中种：将中种材料混合，搅拌至材料均匀溶解，面团变柔滑（图1）。将面团在室温下放置到体积增加近1倍大，再放入冰箱（4~6℃）冷藏发酵14~18小时。第二天发至3.5~4倍大后使用（图2）。

2　将除黄油以外的主面团材料混合，同时加入切块的中种，搅拌至面团变光滑，加入黄油，继续搅拌到完全阶段，完成面温23~25℃。

3　将面团整理平整（图3），用擀面杖压扁擀平，

装袋密封，冷冻30分钟。

4　参照酥皮类面团的折叠擀压，三次三折折叠法（p.147），完成可颂面团的制作。将面团擀成4毫米厚的长方形，切掉四周边缘部分，将面团切割成底边11厘米、高度24厘米的等腰三角形（图4）。

5　用手轻轻拉扯三角形上半部分使其变长，底部放两根耐高温巧克力条（图5），先将底边连同耐高温巧克力条一起卷折，再轻推卷部分，让面团由下向上自然卷成卷（图6）。

6　将面团尾端压在底部，摆放在烤盘上，在温暖湿润（27℃）的环境中进行最后发酵（图7）。

7　发酵结束的面团明显膨胀，层次充分打开，晃动烤盘，面团轻轻颤动（图8）。

8　将面团表面薄刷蛋液，放入预热好的烤箱中层，上、下火210℃烘烤10分钟，待膨胀定型后，转190℃继续烘烤10分钟（图9）。

抹茶蜜豆可颂

■ 材料

冷藏中种

高筋面粉 · 255 克
即发干酵母 · 2 克
水 · 155 克

主面团

A 高筋面粉 · 90 克
低筋面粉 · 80 克
抹茶粉 · 10 克
即发干酵母 · 4 克
细砂糖 · 42 克
盐 · 8.5 克
奶粉 · 10 克
B 水 · 85 克
C 黄油 · 40 克

裹入用

片状黄油 240 克

卷入用

蜜红豆适量

表面用

蛋液适量

参考数量

12 个

■ 做法

1 冷藏中种：将中种材料混合，搅拌至材料均匀溶解，面团变柔滑（图1）。将面团在室温下放置到体积增加近1倍大，再放入冰箱（4~6℃）冷藏发酵14~18小时。第二天发至3.5~4倍大后使用（图2）。

2 将除黄油以外的主面团材料混合，同时加入切块的中种，搅拌至面团变光滑，加入黄油，继续搅拌到完全阶段，完成面温在23~25℃。

3 将面团整理平整（图3），用擀面杖压扁擀平，

装袋密封，冷冻30分钟。

4 参照酥皮类面团的折叠擀压，三次三折折叠法（p.147），完成可颂面团的制作。将面团擀成4毫米厚的长方形，切掉四周边缘部分，将面团切割成底边11厘米、高度24厘米的等腰三角形（图4）。

5 用手轻轻拉扯三角形上半部分使其变长，底部放一排蜜红豆，并在表面放几颗（图5），但不要放得太多。

6 先将面团从底部连同蜜红豆一同卷折，再轻推卷折部分，让面团由下向上自然卷成卷。

7 将面团尾端压在底部，摆放在烤盘上，在温暖湿润（27℃）的环境中进行最后发酵（图6）。

8 发酵结束的面团明显膨胀，层次充分打开，晃动烤盘，面团轻轻颤动（图7）。

9 将面团表面薄刷蛋液，放入预热好的烤箱中层，上、下火210℃烘烤10分钟，待膨胀定型后，转190℃继续烘烤10分钟。

香酥杏仁可颂

■ 材料

冷藏中种

高筋面粉 ·················255 克

即发干酵母 ·················2 克

水 ·················155 克

主面团

A 高筋面粉 ·················90 克

低筋面粉 ·················80 克

可可粉 ·················20 克

即发干酵母 ·················4 克

细砂糖 ·················42 克

盐 ·················8.5 克

奶粉 ·················10 克

B 水 ·················90 克

C 黄油 ·················40 克

裹入用

片状黄油 240 克

大杏仁糊

黄油 45 克、细砂糖 40 克、蛋液 28 克、低筋面粉 25 克、大杏仁粉 40 克

表面用

大杏仁片、糖粉适量

参考数量

12 个

■ 做法

1 冷藏中种：将中种材料混合，搅拌至材料均匀溶解，面团变柔滑。将面团在室温下放置到体积增加近1倍大，再放入冰箱（4~6℃）冷藏发酵14~18小时。第二天发至3.5~4倍大后使用。

2 将除黄油以外的主面团材料混合，同时加入切块的中种，搅拌至面团变光滑，加入黄油，继续搅拌到完全阶段，完成面温在23~25℃。

3 将面团整理平整，用擀面杖压扁擀平，装袋密封，冷冻30分钟（图1）。

4 参照酥皮类面团的折叠擀压，三次三折折叠法（p.147），完成可颂面团的制作。将面团擀成4毫米厚的长方形，切除四周边缘部分，将面团切割成底边11厘米、高度23厘米的等腰三角形（图2）。

5 先将三角形面团的底边向上卷折，再轻推卷折部分，让面团由下向上自然卷成卷。

6 将面团尾端压在底部，摆放在烤盘上，在温暖湿润（27℃）的环境中进行最后发酵（图3）。

7 发酵结束的面团明显膨胀，层次充分打开，晃动烤盘，面团轻轻颤动（图4）。

8 放入预热好的烤箱中层，上、下火210℃烘烤10分钟，待膨胀定型后，转190℃继续烘烤10分钟。出炉在晾网上放凉。

9 在可颂表面挤适量大杏仁糊（图5），再撒大杏仁片，放入烤箱中层，只开上火190℃烘烤10分钟至表面呈金黄色。出炉后放凉，表面筛适量糖粉。若可颂中间夹大杏仁糊（图6），则用上、下火190℃烘烤10分钟。

大杏仁糊

将黄油放室温下软化，加入细砂糖，用蛋抽搅打均匀。分次加入蛋液，每次都要充分搅打均匀再加下一次，直到全部加完。最后加入低筋面粉和大杏仁粉，用刮刀翻拌均匀（图A）。将大杏仁糊装入前端带有扁平口裱花嘴的裱花袋内（图B）。

玫瑰荔枝可颂

■ 材料 ━━━━━━━━━━

冷藏中种

```
高筋面粉·····················255克
即发干酵母··················2克
水·························155克
```

主面团

```
A 高筋面粉·················90克
 低筋面粉··················80克
 即发干酵母················4克
 细砂糖····················42克
 盐························8.5克
 奶粉······················15克
B 水························85克
C 黄油······················40克
```

裹入用

片状黄油240克、干玫瑰花瓣适量

玫瑰荔枝膏

大杏仁粉100克、糖粉85克、玫瑰花酱16克、荔枝酒15克、荔枝干果肉15克、干玫瑰花瓣（去蒂）1克、水10克

表面用

糖霜：糖粉120克、牛奶25克、蜂蜜10克、香草籽适量（可用香草精代替）；冻干草莓脆适量

参考数量

12个

■ 做法

1. 冷藏中种：将中种材料混合，搅拌至材料均匀溶解，面团变柔滑。将面团在室温下放置到体积增加近1倍大，放入冰箱（4~6℃）冷藏发酵14~18小时。第二天发至3.5~4倍大后使用。

2. 将除黄油以外的主面团材料混合，同时加入切块的中种，搅拌至面团变光滑，加入黄油，继续搅拌到完全阶段，完成面温在23-25℃。

3. 将面团整理平整，用擀面杖压扁擀平，装袋密封，冷冻30分钟。

4. 参照酥皮类面团的折叠擀压，三次三折折叠法（p.147），完成可颂面团的制作。其中，在面团包入裹入油前，在片状黄油上面撒适量稍碾碎的干玫瑰花瓣（图1），其余步骤相同。

5. 将面团擀成4毫米厚的长方形，切除四周边缘部分，将面团切割成底边11厘米、高度24厘米的等腰三角形。

6. 用手轻轻拉扯三角形上半部分使其变长，在底边中点位置割1厘米长的小口，将两角向外侧稍拉长。将圆棒状的玫瑰荔枝膏放在面团底部（图2），连同底边一起卷折，轻推卷折部分，让面团由下向上自然卷成卷。

7. 将面团尾端压在底部，摆放在烤盘上，在温暖湿润（27℃）的环境中进行最后发酵（图3）。

8. 发酵结束的面团明显膨胀，层次充分打开，晃动烤盘，面团轻轻颤动（图4）。

9. 放入预热好的烤箱中层，上、下火210℃烘烤10分钟，待膨胀定型后，转190℃继续烘烤10分钟。出炉在晾网上放凉。

10. 将制作糖霜的所有材料混合并搅拌均匀，搅拌好的糖霜黏稠且具有流动性。

11. 先在可颂表面淋适量糖霜（图5），再撒切成小块的冻干草莓碎，放至糖霜凝固即可（图6）。

玫瑰荔枝膏制作

1. 荔枝干果肉切成小块，干玫瑰花瓣稍捏碎。

2. 将除水和荔枝酒以外的玫瑰荔枝膏材料放在一起稍混匀，再加入水和荔枝酒混合均匀。

3. 称重15克/个，搓成10厘米长的圆棒状。

> 提示：
> 糖霜变干凝固的速度较快，建议淋好两三个可颂就撒冻干草莓脆。如果一次淋很多，由于时间长糖霜会变干凝固而失去黏性。

巧克力可颂

■ 材料

面团

A 日清百合花粉 · · · · · · · · · · · · · · · · · 400 克

　细砂糖 · 40 克

　盐 · 8 克

　奶粉 · 10 克

　即发干酵母 · 6 克

　法国老面 · 120 克

B 水 · 220 克

C 黄油 · 30 克

裹入用

片状黄油 220 克

卷入用

耐高温巧克力条 2 根 / 个

表面用

蛋液适量

参考数量

12 个

■ 做法

1　将除黄油以外的面团材料混合，搅拌至面团卷起，加入黄油，继续搅拌到面团柔软有弹性，可以延展出有一定厚度的面筋薄膜，约八分筋的扩展阶段（图1），完成面温在23~25℃。

2　将面团整理平整放入发酵盒中，在室温下基础发酵30分钟（图2）。

3　将面团压扁擀开，装袋密封，放入4~5℃冰箱冷藏一晚（图3）。

4　参照酥皮类面团的折叠擀压，二次四折折叠法（p.148），完成可颂面团的制作。

5　将面团擀成4毫米厚的长方形（图4），切除四周边缘部分，将面团切割成8厘米x15厘米的长方形（图5）。

6　面团竖放，底部放1根耐高温巧克力条（图6），将面团底边连同巧克力条一起向上卷折，

再并排放1根耐高温巧克力条（图7），推动卷折部分使面团自然卷成卷（图8、图9）。

7　将面团收边朝下摆放在烤盘上，用利刀在表面划斜口。

8　将整形好的面团放在温暖湿润（27℃）的环境中进行最后发酵（图10）。

9　发酵结束的面团明显膨胀，层次充分打开（图11）。

10　将面团表面薄刷蛋液，放入预热好的烤箱中层，上、下火210℃烘烤10分钟，待膨胀定型后，转190℃继续烘烤10分钟（图12）。

双色可颂

■ 材料

冷藏中种

高筋面粉	255 克
即发干酵母	2 克
水	155 克

主面团

A 高筋面粉	90 克
低筋面粉	80 克
即发干酵母	4 克
细砂糖	42 克
盐	8.5 克
奶粉	15 克
B 水	85 克
C 黄油	40 克

巧克力面团用

可可粉 6 克、水 6 克

裹入用

片状黄油 190 克

表面用

蛋液适量

参考数量

11 个

■ 做法

1　参照原味可颂做法中步骤1~2（p.153），完成面团的搅拌。将搅拌好的面团（约760克）分成两份，一份约580克，一份约180克。

2　将可可粉和水混匀成糊，再与180克的面团揉和均匀，成为巧克力面团。

3　将两份面团分别整理平整，用擀面杖压扁擀平，装袋密封，冷冻30分钟（图1、图2）。

4　原味面团参照酥皮类面团的折叠擀压，三次三折叠法（p.147），完成可颂面团的制作（图3）。

5　将巧克力面团擀成长方形，大小为可以覆盖并包覆住原味面团的尺寸（图4）。

6　将巧克力面团部分包裹原味面团，排净里面的空气，压实边缘接缝处（图5）。

7　将面团装袋密封，冷冻30分钟。

8　将面团擀开成4毫米厚的长方形，切掉四周边缘部分，将面团切割成底边11厘米、高度23厘米的等腰三角形（图6）。

9　用手轻轻拉扯三角形上半部分使其变长，先沿中线划一条直线，底边留出不划断，再在两边各划一条平行线，最后在两侧划平行斜线。割口不要太深，割破表皮即可（图7）。

10　将面团翻面（图8），先将底边向上卷折，再轻推卷折部分（图9），让面团自然卷成卷（图10）。

11　将面团尾端压在底部，摆放在烤盘上，在温暖湿润（27℃）的环境中进行最后发酵（图11）。

12　发酵结束的面团明显膨胀，层次充分打开，晃动烤盘，面团轻轻颤动（图12）。

13　将面团表面薄刷蛋液，放入预热好的烤箱中层，上、下火210℃烘烤10分钟，待膨胀定型后，转190℃继续烘烤10分钟。

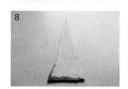

丹麦葡萄卷

■ 材料 ▬▬▬▬▬▬

面团

A 日清百合花粉·················400 克

　细砂糖··················40 克

　盐····················8 克

　奶粉···················10 克

　即发干酵母···············6 克

　法国老面················120 克

B 水····················220 克

C 黄油···················30 克

裹入用

片状黄油 240 克

馅料

酒渍果干：葡萄干 180 克、糖渍橙皮丁 40 克、
朗姆酒 45 克

表面用

粗粒砂糖、蛋液适量

参考数量

30 个

■ 做法

1. 将葡萄干、糖渍橙皮丁和朗姆酒混合均匀，密封放置一晚，制成酒渍果干（图1）。

2. 参照法式可颂做法，步骤1~9（p.150~151），完成面团的制作。

3. 将面团擀开成4毫米厚的长方形（图2），再切分成每份50厘米长（图3）。

4. 将面团表面刷蛋液，放适量酒渍果干（图4），注意果干不要放太多。

5. 沿50厘米的边长方向将面团卷成圆柱状，装袋密封，冷冻30分钟（图5、图6）。

6. 用牙线将面团切割成2厘米厚的卷（图7）。

7. 面团切面向上摆放在烤盘上，在温暖湿润（27℃）的环境中进行最后发酵（图8）。

8. 发酵好的面团明显膨胀，层次充分打开。

9. 将面团表面薄刷蛋液，撒粗粒砂糖（图9），放入预热好的烤箱中层，上、下火200℃烘烤10分钟，待膨胀定型后，转180℃烘烤6分钟，至表面呈金黄色。

焦糖小贝

■ 材料 ━━━━━━━━

面团

A 日清百合花粉 · · · · · · · · · · · · · · · · · 400 克

　 细砂糖 · · · · · · · · · · · · · · · · · · · 40 克

　 盐 · 8 克

　 奶粉 · 10 克

　 即发干酵母 · · · · · · · · · · · · · · · · · · 6 克

　 法国老面 · · · · · · · · · · · · · · · · · · 120 克

B 水 · 220 克

C 黄油 · 30 克

裹入用

片状黄油 240 克

馅料

酒渍果干：葡萄干 200 克、糖渍橙皮丁 40 克、朗姆酒 50 克

表面用

粗粒砂糖适量

参考数量

40 个

■ 做法

1　将葡萄干、糖渍橙皮丁和朗姆酒混合均匀，密封放置一晚，制成酒渍果干（图1）。

2　参照法式可颂做法，步骤1~9（p.150~151），完成面团的制作。

3　将面团擀开成4毫米厚的长方形，再切分成每份40厘米长（图2）。

4　沿40厘米的边长方向将面团卷成圆柱状，装袋密封，冷冻30分钟（图3）。

5　用牙线将面团切割成1.5厘米厚的卷（图4）。

6　将面团切面向上放置，稍压扁（图5），擀成4毫米厚的椭圆形片（图6）。

7　将椭圆形面团的一面沾粗粒砂糖（图7），有砂糖的一面向下，面团上半部分放置适量酒渍果干（图8），下半部分上翻对折，捏紧边缘收口部

分（图9）。

8　将整形好的面团摆放在烤盘上，在27℃环境中进行最后发酵（图10）。

9　发酵结束的面团明显膨胀，层次充分打开（图11）。

10　放入预热好的烤箱中层，上、下火200℃烘烤10分钟，待膨胀定型后，转180℃烘烤7分钟，至表面呈金黄色（图12）。

> 提示：
> 配方量较大，可以将面团分别裁成不同的尺寸，同时制作丹麦葡萄卷、芝麻酥条等。

双色芝麻酥条

■ 材料

冷藏中种

高筋面粉	255 克
即发干酵母	2 克
水	155 克

主面团

A 高筋面粉	90 克
低筋面粉	80 克
即发干酵母	4 克
细砂糖	42 克
盐	8.5 克
奶粉	15 克
B 水	85 克
C 黄油	40 克

裹入用

片状黄油 240 克

铺面用

粗粒砂糖、黑芝麻、白芝麻适量

表面用

蛋液适量

参考数量

30 厘米 x42 厘米烤盘　6 盘

■ 做法

1　将炒熟的黑、白芝麻等比例混合（图1）。
2　参照原味可颂的做法，步骤1~4（p.153），完成面团的制作。
3　将面团擀开成4毫米厚的长方形，再切分成每份24厘米长（图2）。
4　将面团的一面刷蛋液，表面撒适量粗粒砂糖和炒熟的黑、白芝麻（图3），用擀面杖擀压，将砂糖和芝麻稍压进面皮（图4）。
5　将面团翻面（图5），重复步骤4的操作（图6）。
6　将面团切分成1.5厘米x12厘米的长条（图7），两手捏住面团两端，向相反方向旋转将面团螺旋拧起。
7　将拧好的面团整齐摆放在烤盘上，并将两端在烤盘上压紧（图8）。
8　整形好的面团在27℃环境中最后发酵15分钟（图9）。
9　放入预热好的烤箱中层，上、下火200℃烘烤13分钟，至表面呈金黄色（图10）。

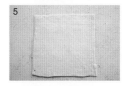

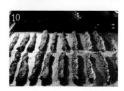

> 提示：
> 配方量可以做出很多芝麻酥条。因对面团分量的要求比较随意，可以在做可颂时留出一块酥皮面团，用来制作芝麻酥条。

小酥船

■ 材料

可颂面团边角料·················· 适量

葡萄干······················· 180 克

糖渍橙皮丁·················· 40 克

朗姆酒······················· 45 克

粗粒砂糖···················· 适量

表面用

蛋液适量

参考数量

约 1 盘

■ 做法

1 将葡萄干、糖渍橙皮丁和朗姆酒混合均匀，密封放置一晚，制成酒渍果干。

2 将可颂面团边角料切成1~1.5厘米的小方块，和酒渍果干、粗粒砂糖抓混均匀。

3 将油纸裁成长方形（图1），上、下两边分别折出1厘米的边（图2），翻转油纸（图3），将两端螺旋拧起（图4）。

4 折纸里面放入面团、果干混合物，1/4~1/3满即可，在27℃环境中进行最后发酵（图5）。

5 发酵好的面团明显膨胀，层次充分打开。面团表面薄刷蛋液，放入预热好的烤箱中下层，上、下火200℃烘烤10分钟，待膨胀定型后，转180℃烘烤12分钟。

> 提示：
> 可以用其他材料，如蜜红豆，黑、白芝麻，耐高温巧克力豆等和面团搭配混合。

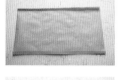

蜜豆手撕包

■ 材料 ━━━━━━━━

面团

A 高筋面粉 · · · · · · · · · · · · · · · · · · 320 克

　低筋面粉 · · · · · · · · · · · · · · · · · · 80 克

　即发干酵母 · · · · · · · · · · · · · · · · 6 克

　细砂糖 · · · · · · · · · · · · · · · · · · · 45 克

　盐 · 6.5 克

　奶粉 · 15 克

B 全蛋液 · · · · · · · · · · · · · · · · · · · 60 克

　水 · 105 克

　鲜奶 · 90 克

C 黄油 · 30 克

裹入用

片状黄油 220 克

馅料

蜜红豆适量

表面用

蛋液适量

参考数量

长条模具（20 厘米 x6.2 厘米 x5.5 厘米）4 个

■ 做法

1 将除黄油以外的面团材料混合，搅拌至面团卷起，加入黄油，继续搅拌到面团柔软有弹性（图1），可以延展出有一定厚度的面筋薄膜（图2），约八分筋的扩展阶段，完成面温在23~25℃。

2 将面团整理平整放入容器中，在室温下发酵30分钟（图3）。

3 将面团擀压平整，装袋密封，放入4~5℃冰箱冷藏一晚（图4）。

4 参照酥皮类面团的折叠擀压，二次四折折叠法（p.148），完成面团的制作。

5 将面团擀成2厘米厚，竖切成4等份(图5)，每份再切成0.5厘米宽的长条(图6)。

6 取1份面团，切面向上平行排列，侧面边缘稍重叠（图7）。

7 将面团适当拉长压扁，从中间横切成两半，将上半部分转180°，和下半部分的上端对齐且并排摆放，底部放一排蜜红豆（图8）。

8 将面团底部连同蜜红豆一起卷折（图9），再轻推卷折部分，让面团自然卷成卷（图10）。

9 面团收口在下放入模具内，在温暖湿润（27℃）的环境中进行最后发酵（图11）。

10 发至模具八至九分满（图12），表面薄刷蛋液，放入预热好的烤箱中下层，上、下火190℃烘烤25分钟。出炉震模后立刻脱模。

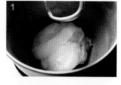

金砖

■ 材料

面团

A 高筋面粉·····················320 克
　低筋面粉·····················80 克
　即发干酵母···················6 克
　细砂糖·······················45 克
　盐···························6.5 克
　奶粉·························15 克
B 全蛋液·······················60 克
　水···························105 克
　鲜奶·························90 克
C 黄油·························30 克

裹入用

片状黄油 220 克

参考数量

模具（20 厘米 x6.2 厘米 x5.5 厘米）4 个

■ 做法

1　将除黄油以外的面团材料混合，搅拌至面团卷起，加入黄油，继续搅拌到面团柔软有弹性，可以延展出一定厚度的面筋薄膜，约八分筋的扩展阶段（图1），完成面温在23~25℃。

2　将面团整理平整放入容器中，在室温下发酵30分钟（图2）。

3　将面团擀压平整，装袋密封，放入4~5℃冰箱冷藏一晚（图3）。

4　参照酥皮类面团的折叠擀压，二次四折折叠法（p.148），完成面团的制作。

5　将面团擀成2厘米厚，竖切成4等份(图4)，再将每份平均切成4条(图5)。

6　将面团切面向上放置，用手掌稍压扁抻长，每4条为一组呈扇形摆放，从左到右分别为①、②、③、④（图6）。

7　将面团编成四股辫，步骤为：①过②（图7），③过①（图8），①过④（图9），循环操作直至编完，同时捏紧面团两端（图10）。

8　将面团稍拉长，两端后折放入模具，在温暖湿润（27℃）的环境中进行最后发酵（图11）。

9　发至模具八分满（图12），放入预热好的烤箱中下层，模具上面压盖一个较重的平烤盘，上、下火190℃烘烤25分钟。出炉震模后立刻脱模。

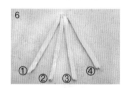

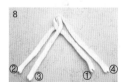

麦浪吐司

■ 材料 ━━━━━━━━

冷藏中种

高筋面粉·····················315克

即发干酵母·····················2克

水·····························190克

主面团

A 高筋面粉·····················105克

低筋面粉·······················60克

全麦粉·························45克

即发干酵母······················5克

细砂糖··························60克

盐·····························8.5克

奶粉···························20克

B 水··························48克

全蛋液··························78克

C 黄油··························42克

裹入用

片状黄油 260 克

表面用

蛋液适量

参考数量

450 克吐司模 2 个

■ 做法

1 冷藏中种：将中种材料混合，搅拌至材料均匀溶解，面团变柔滑（图1）。将面团在室温下放置到体积增加近1倍大，再放入冰箱（4~6℃）冷藏发酵14~18小时。第二天发至3.5~4倍大后使用（图2）。

2 将除黄油以外的主面团材料混合，同时加入切块的中种，搅拌至面团变光滑，加入黄油，继续搅拌到完全阶段（图3），完成面温在23~25℃。

3 将面团整理平整，用擀面杖压扁擀平，装袋密封，冷冻30分钟（图4）。

4 参照酥皮类面团的折叠擀压，二次四折折叠法（p.148），完成面团的制作（图5）。

5 将面团擀成5毫米厚的长方形，平均切成两份（图6）。

6 面团横放，从下至上卷成长卷（图7），收边向下放置（图8）。

7 将卷好的面团沿中线纵切成两半（图9），切面向上摆放，稍拉长后交叉拧成螺旋状，同时捏紧面团两端（图10）。

8 将整形好的面团放入吐司模内，在温暖湿润（27℃）的环境中进行最后发酵（图11）。

9 发至模具九分满（图12），表面薄刷蛋液，放入预热好的烤箱中下层，上火190℃、下火210℃烘烤40分钟。出炉震模后立刻脱模。

红豆丹麦面包

■ 材料 ─────────────

冷藏中种

高筋面粉 · 305 克

即发干酵母 · 2 克

水 · 185 克

主面团

A 高筋面粉 · 55 克

低筋面粉 · 150 克

即发干酵母 · 5 克

细砂糖 · 55 克

盐 · 8 克

奶粉 · 25 克

B 水 · 35 克

全蛋液 · 75 克

鲜奶油 · 25 克

C 黄油 · 35 克

裹入用

片状黄油 240 克

馅料

蜜红豆适量

表面用

蛋液适量

参考数量

吐司模（20 厘米 x10 厘米 x10 厘米）2 个

■ 做法

1 冷藏中种：将中种材料混合，搅拌至材料均匀溶解，面团变柔滑。将面团在室温下放置到体积增加近1倍大，再放入冰箱（4~6℃）冷藏发酵14~18小时。第二天发至3.5~4倍大后使用。

2 将除黄油以外的主面团材料混合，同时加入切块的中种，搅拌至面团变光滑，加入黄油，继续搅拌到完全阶段（图1），完成面温在23~25℃。

3 将面团整理平整，用擀面杖压扁擀平，装袋密封，冷冻30分钟。

4 参照酥皮类面团折叠擀压，二次四折折叠法（p.148），完成面团的制作（图2）。

5 将面团擀开成5毫米厚的长方形，中间1/3部分放适量蜜红豆，将蜜红豆稍向下压（图3）。

6 先将面团的左1/3部分向中间折（图4），折过来的面团表面放适量蜜红豆（图5），再将面团右边1/3部分向中间折（图6），即完成一次三折。用擀面杖将面团稍擀压贴合，装袋密封，冷冻30分钟。

7 用利刀切去面团两侧边缘部分（图7），将面团平均切成两份（图8），每份再均切成6条（图9），这样共有12条。

8 每3条面团为一组，切面向上摆放，适当压扁抻长（图10），编结成三股辫，同时捏紧面团两端。将切下的边角料放在中间（图11），面团两端向后弯折接合于底部（图12）。

9 每两个三股辫面团为一组，收口在下放入吐司模内，在温暖湿润（27℃）的环境中进行最后发酵（图13）。

10 发至模具九分满（图14），表面薄刷蛋液，放入预热好的烤箱中下层，上火190℃、下火210℃烘烤40分钟。出炉震模后立刻脱模。

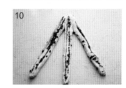

巧克力大理石吐司

■ 材料

面团

A 高筋面粉······················165 克

　　低筋面粉······················50 克

　　细砂糖·························35 克

　　盐······························3.5 克

　　即发干酵母····················2.5 克

B 全蛋液·························35 克

　　鲜奶··························106 克

C 黄油···························25 克

裹入用

巧克力片：低筋面粉 20 克、可可粉 10 克、玉米淀粉 5 克、糖 30 克、牛奶 65 克、黑巧克力 45 克、黄油 20 克、蛋白液 30 克

参考数量

方形吐司模（12 厘米 x12 厘米 x10 厘米）1 个

■ 做法

1. 将除黄油以外的面团材料混合，搅拌至面团卷起，加入黄油，继续搅拌到面团柔软有弹性，可以延展出有一定厚度的面筋薄膜，约八分筋的扩展阶段（图1），完成面温在23~25℃。
2. 将面团整理平整放入发酵盒中，在室温下发酵30分钟。
3. 将面团擀压平整，装袋密封，放入4~5℃冰箱冷藏一晚。
4. 依据巧克力片的尺寸将面团擀成薄厚均匀的正方形，大小为巧克力片的2倍。巧克力片放在面团中间（图2），将面团四角拉起向内折，让面团完全包覆住巧克力片，排净里面的空气后捏合边缘接缝（图3）。
5. 将面团擀开成薄厚均匀的长方形（图4）。
6. 分别将面团的左、右1/3部分向中间折，即完成一次三折（图5）。
7. 将面团转90°，顺着折边将面团擀开成薄厚均匀的长方形（图6）。
8. 分别将面团的左1/8部分、右3/8部分向中间折（图7），然后对折，即完成一次四折（图8）。面团装袋密封，冷冻30分钟。
9. 将面团纵切成8等份（图9）。每2条为一组，切面向上摆放，用手掌稍压使其变扁变长（图10）。
10. 将面团顶端对齐呈扇形摆放（图11），编结成四股辫（编结方法参照p.177金砖做法，步骤7），同时捏紧两端收口（图12）。
11. 将编好的面团两端向后弯折接合于底部（图13）。
12. 将整形好的面团收口在下放入模具，在温暖湿润（30℃）的环境中进行最后发酵。
13. 发至模具九分满（图14），加盖，放入预热好的烤箱中下层，上、下火190℃烘烤35分钟。出炉震模后立刻脱模。

巧克力片（夹馅）做法

1. 将低筋面粉、可可粉、玉米淀粉和糖放入容器中混合拌匀。
2. 将牛奶加热至90℃，倒入粉类中，边倒边用蛋抽搅拌。
3. 加入切成小块的黑巧克力和黄油，搅拌至材料熔化并混合均匀，最后加入蛋白液搅拌均匀。
4. 将混合好的巧克力糊倒入锅内，用小火加热，边加热边用刮刀起底翻拌（图A）。巧克力糊逐渐变得浓稠并产生黏性，直到脱离容器四周抱团（图B）。
5. 把巧克力糊倒在铺好的保鲜膜上，上面再盖一层保鲜膜，擀成正方形，包好密封，放入冰箱冷冻保存(图C)。可以不用回温，直接取出使用。

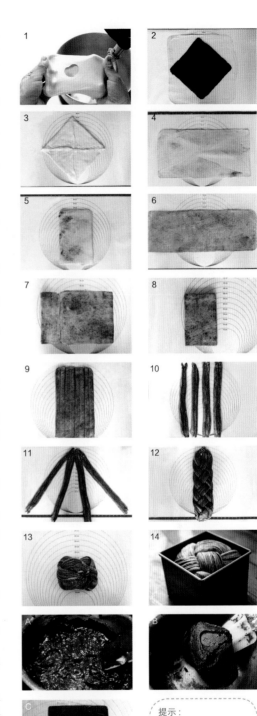

提示：
与片状黄油相比，巧克力片对温度没有严格的要求，大大降低了折叠面团的操作难度。

第六章　PART 6

贝果

· BAGEL ·

贝果的制作要点

贝果（Bagel）起源于欧洲，是犹太人的传统主食面包，后来传入美国，在欧洲和北美地区流行开来并深受喜爱。贝果的特色在于面团要先经过烫煮再高温烘焙而成，传统的贝果表皮略脆硬，口感扎实。贝果是一款百搭的主食面包，可以直接吃或搭配酱料、蔬菜和肉类等做成美味的三明治。

搅拌

想要贝果断口性好、组织扎实，面团不需要太多搅拌。揉至面团卷起变光滑，可以拉展出厚膜，六至七分筋的状态即可，完成的面温控制在 24~26℃。

基础发酵

贝果面团在室温下进行基础发酵。发酵不需要太充分，膨胀至约 1.5 倍大，手指轻压不回弹即可。发酵温度高或发酵时间长，会失去想要的贝果口感。

滚圆和松弛

滚圆不需要太紧，表面平整即可。松弛时间也不宜过长，手指按压面团表面，面团稍有回弹就可以了。

整形

经典的贝果整形成圆环状。擀开面团的同时将空气排出，卷起时要贴合紧密但也不能卷得过紧。要切实捏合边缘接缝处，否则接缝在烫煮、烘烤过程中容易爆开。

最后发酵

面团在发酵布上进行最后发酵。发酵布吸水，可以防止面团底部粘黏。如果不用发酵布，可以放在剪裁好的方形油纸上，烫煮面团时连同油纸一起放进热水中，面团会自然从纸上脱离。

如果想要贝果的组织紧实，面团的最后发酵不要太充分，发酵至可以看出面团膨胀，用手轻握感觉里面充满气体即可。

贝果的烫煮

提前将烫煮贝果的水加热至 90℃，不要让发酵好的面团等待。水温不能低于 90℃，否则面团表面糊化不足，烘烤后的成品不够光亮。在煮面团的水里适当加入麦芽精、蜂蜜、糖、小苏打等，可以起到帮助烘烤上色、增加风味的作用。

煮贝果时不要放得太密，否则接触面烫煮不够，烘烤后容易收缩。先将面团接缝向上放入水中，烫煮面团正面，然后再翻转面团烫煮底面。煮好的贝果要尽快入炉烘烤，需提前预热好烤箱，不要让煮好的贝果面团等待。

甘薯奶酪贝果

在原味贝果面团的基础上加以变化，创意性地增加配料或夹馅，就可以变化出不同口感和风味的贝果。

■ 材料

面团

A 高筋面粉·····················210克

　低筋面粉·····················90克

　盐·····························6克

　低糖即发干酵母·················3克

B 蜂蜜·························12克

　水··························165克

C 黄油···························8克

甘薯馅

蒸熟的甘薯120克、奶油奶酪15克、细砂糖10克、盐少许、黄油10克

煮贝果用水

水1000克、糖20克

参考数量

7个

■ 做法

1 甘薯馅：甘薯蒸熟后放凉，去皮压成泥，加入奶油奶酪、细砂糖、盐和黄油，翻拌均匀。

2 将面团材料混合，搅拌至面团卷起，开始变光滑，可以拉展出厚膜的阶段（图1）。

3 将面团整理平整放入容器中，在25℃室温下发酵30分钟。

4 将面团平均分成7份，约70克/个，滚圆后松弛10分钟。

5 将面团正面在上，压扁，擀成椭圆形（图2），翻面后横放，上半部分涂抹适量甘薯馅，两侧边缘留出不抹（图3）。

6 将面团从上向下卷成卷，并压紧边缘接缝处（图4）。

7 将面团搓至约20厘米长，接缝向上摆放，将一端（3~4厘米长）用擀面杖擀薄（图5），把面团弯成圆环状，用擀开的一端包覆住另一端（图6），并捏紧边缘接缝处。面团含水量少，收口处易爆开，不要只捏紧外层面团，要与被包裹的内层面团一起捏牢（图7）。整形好的面团接缝要位于底部。

8 将面团接缝在下摆放在发酵布上，在温暖湿润（27℃）的环境中最后发酵25~30分钟（图8）。

9 将煮贝果用水提前加热至90℃，放入面团，将两面各烫煮40秒（图9），捞出沥水后摆放在烤盘上。

10 放入预热好的烤箱中层，上、下火210℃烘烤18分钟（图10）。

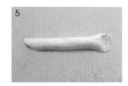

黑芝麻培根贝果

■ 材料

冷藏中种

高筋面粉·······················180 克

蜂蜜·····························2 克

低糖即发干酵母···················1.2 克

水·····························108 克

主面团

A 高筋面粉·······················60 克

低筋面粉·······················60 克

细砂糖·························12 克

盐·····························6 克

奶粉···························6 克

低糖即发干酵母···················1.8 克

B 水···························55 克

C 橄榄油·······················10 克

D 炒熟的黑芝麻···················5 克

馅料

培根 2 片

煮贝果用水

水 1000 克、糖 20 克

参考数量

6 个

■ 做法

1　冷藏中种：将中种材料混合，搅拌至材料均匀溶解，面团变柔滑。将面团在室温下放置到体积增加近 1 倍大，再放入冰箱（4~6℃）冷藏发酵14~18 小时。第二天发至 3.5~4 倍大后使用。

2　将除炒熟的黑芝麻以外的主面团材料混合，同时加入切块的中种，搅拌到面团卷起开始变光滑，可以拉展出厚膜的阶段（图 1），加入炒熟的黑芝麻搅拌均匀。

3　将面团整理平整放入容器中，在 25℃室温下放置 5 分钟（图 2）。

4　将面团平均分成 6 份，约 80 克 / 个，滚圆后松

弛 10 分钟（图 3）。

5　将面团正面在上，压扁，擀成椭圆形，翻面后横放，表面放适量切成块的培根，两侧边缘和底部留出不放（图 4）。

6　将面团从上向下卷成卷，并压紧边缘接缝处。

7　将面团搓至约 22 厘米长，接缝向上摆放，将一端（3~4 厘米长）用擀面杖擀薄（图 5），把面团弯成圆环状，用擀开的一端包覆住另一端（图 6），并捏紧边缘接缝处。面团含水量少，收口处易爆开，不要只捏紧外层面团，要与被包裹的内层面团一起捏牢（图 7）。整形好的面团接缝要位于底部。

8　将面团接缝在下摆放在发酵布上，在温暖湿润（27℃）的环境中最后发酵 25~30 分钟（图 8）。

9　将煮贝果用水提前加热至 90℃，放入面团，将两面各烫煮 50 秒（图 9），捞出沥水后摆放在烤盘上。

10　放入预热好的烤箱中层，上、下火 210℃烘烤 20分钟（图 10）。

香蕉贝果

■ 材料 ━━━━━━━━━━━━

冷藏中种

高筋面粉·······················180 克
蜂蜜··································2 克
低糖即发干酵母··················1.2 克
水·································108 克

主面团

A 高筋面粉·····················120 克
香蕉泥···························90 克
细砂糖····························12 克
盐·································5.5 克
低糖即发干酵母··················1.8 克
B 黄油·····························5 克

馅料

芒果干 40 克、葡萄干 40 克、朗姆酒 15 克

煮贝果用水

水 1000 克、糖 20 克

参考数量

6 个

■ 做法 ━━━━━━━━━━━━

1 将芒果干切丁，和葡萄干、朗姆酒混合均匀，密封放置一晚，制成酒泡果粒。

2 冷藏中种：将中种材料混合，搅拌至材料均匀溶解，面团变柔滑。将面团在室温下放到体积增加近 1 倍大，再放入冰箱（4~6℃）冷藏发酵 14~18 小时。第二天发至 3.5~4 倍大后使用。

3 将主面团的材料混合，同时加入切块的中种面团，搅拌到面团卷起开始变光滑，可以拉展出厚膜的阶段。

4 将面团整理平整放入容器中，在 25℃室温下放置 5 分钟（图 1）

5 将面团平均分成 6 份，约 85 克 / 个，滚圆后松弛 10 分钟（图 2）。

6 将面团正面在上，稍压扁（图 3），擀成椭圆形（图 4），翻面后横放，上部放一排酒泡果粒，两侧边缘留出不放（图 5），将面团从上向下卷成卷，并压紧边缘接缝处（图 6）。

7 将面团搓至约 22 厘米长，接缝向上摆放，将一端（3~4 厘米长）用擀面杖擀薄（图 7），把面团弯成圆环状，用擀开的一端包覆住另一端（图 8），并捏紧边缘接缝处。面团含水量少，收口处易爆开，不要只捏紧外层面团，要与被包裹的内层面团一起捏牢（图 9）。整形好的面团接缝要位于底部。

8 将面团接缝在下摆放在发酵布上，在温暖湿润（27℃）的环境中最后发酵 25~30 分钟（图 10）。

9 将煮贝果用水提前加热至 90℃，放入面团，将两面各烫煮 40 秒，捞出沥水后摆放在烤盘上。

10 放入预热好的烤箱中层，上、下火 210℃烘烤 20 分钟。

关于贝果

Q 为什么贝果口感很韧，吃起来费力、难以咬断？

A 传统的贝果讲究断口性好、组织扎实有嚼劲，这需要控制好面团的搅拌程度。搅拌至面团卷起，六至七分筋的阶段，可以延展成膜即可。搅拌过多会造成贝果口感偏韧，烫煮时间过长也会使其表皮韧厚，难以咬断。

Q 贝果为什么要用高温水烫煮？

A 烫煮贝果面团的水温不能低于 90℃。面团经过高温烫煮，表皮糊化，表面酵母死亡，烘烤后形成贝果特有的光亮酥脆的外壳。同时通过高温烫煮使面团膨胀力度变小，内部呈现紧密扎实的组织。烫煮水温低会造成面团表面糊化不足，容易产生皱纹，烘烤后表面不光亮。

Q 贝果要煮多长时间？

A 贝果面团每面烫煮时间在 15~60 秒。想要成品皮薄，可以烫煮时间短些；喜欢成品皮厚，可以烫煮时间长些。烫煮时间不宜过短或过长，时间过短则表皮糊化不足，时间过长则表皮收缩较为严重，烘烤后的成品表面不够光亮，同时也会影响口感。

Q 为什么贝果接口处会爆开？

A 接缝处捏合不牢固（接缝处沾有干粉或者馅料也会导致黏合不牢），容易在烫煮贝果时爆开。整形好的贝果面团接缝要位于面团底部，如果在侧面，烘烤时也容易爆开。

Q 烤好的贝果表皮为什么不光滑？

A 可能的原因有搅拌不够造成面团筋度不足、滚圆或整形时太用力破坏了面筋、烫煮贝果的水温度过高或过低、贝果烫煮时间过长、最后发酵过度、烘烤温度偏低等。

Q 为什么贝果烘烤时会开裂？

A 搅拌过多导致面团筋度过强，面团松弛时间不足，整形时擀得太薄、卷得过紧等，都容易造成贝果烘烤时开裂。

第七章　PART 7

半硬式面包

· SEMI−HARD BREAD ·

芝士熔岩

■ 材料

面团

A 高筋面粉 · · · · · · · · · · · · · · · · · · · 240 克

　全麦粉 · 60 克

　细砂糖 · 15 克

　盐 · 5 克

　奶粉 · 15 克

　低糖即发干酵母 · · · · · · · · · · · · · · · 3 克

B 水 · 195 克

C 黄油 · 20 克

馅料

马苏里拉奶酪、培根适量

表面用

高筋面粉适量

参考数量

8 个

■ 做法

1 馅料：马苏里拉奶酪切丁。培根放平底锅内煎至出油、边缘略焦，取出切成小块，再和奶酪丁混合均匀。

2 将除黄油以外的面团材料混合，搅拌至面团卷起变柔滑，能够拉展出稍厚的面筋薄膜，加入黄油继续搅拌至扩展阶段。将面团整理平整放入容器中，在室温（24~26℃）下进行基础发酵（图1）。

3 发至原体积的2倍大（图2）。

4 将面团平均分成8份，约66克/个，滚圆后松弛15分钟（图3）。

5 将面团擀成圆形（图4），放入馅料，包好（图5）并捏紧收口。

6 将面团摆放在烤盘上，在温暖湿润（28℃）的环境中进行最后发酵（图6）。

7 发至原体积的2倍大。将表面筛薄粉，先用剪刀在面团中心位置剪一个较大的口子（图7），然后分别在两侧剪口（图8、图9），从而形成一个十字开口，将四角稍向外拉开（图10），使开口变大（图11）。

8 放入以230℃预热好的烤箱中层，向装有重石的烤盘里倒100毫升开水，上、下火210℃烘烤7分钟，取出装重石的烤盘，转190℃继续烘烤7分钟（图12）。

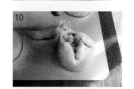

坚果棍子

■ 材料 ━━━━━━━━━━

面团

A 高筋面粉·····················200 克

　法国 T55 粉·················· 50 克

　细砂糖·····················10 克

　盐·························· 4 克

　奶粉·····················10 克

　低糖即发干酵母················· 2 克

B 蜂蜜······················ 3 克

　水·······················160 克

C 葡萄干·····················70 克

裹入用

大杏仁片 90 克、核桃仁 50 克

表面用

高筋面粉适量

参考数量

12 根

■ 做法

1　核桃仁切成小块，和大杏仁片混匀（图1）。葡萄干用水（水量没过葡萄干即可）浸泡1小时，沥干水分待用。

2　将除葡萄干以外的面团材料混合，搅拌至面团光滑有弹性，能够延展出薄膜的扩展阶段（图2），加入葡萄干搅拌均匀。将面团整理平整放入容器中（图3），在室温（24~26℃）基础发酵60分钟（图4）。

3　将面团倒出在操作台上，整理平整（图5），做两次三折的翻面，放入容器中继续发酵30分钟（图6）。

4　将面团倒在操作台上，轻轻拍扁，擀成边长约25厘米×40厘米的长方形（图7），下半部分铺大杏仁片和核桃仁（图8），将面团上下对折（图9），用擀面杖将面团轻轻擀开，不要擀得太薄，隐约看到坚果即可（图10）。

5　将面团切成12等份（图11），双手分别捏住面团两端，稍拉长，拧成螺旋形。

6　将拧好的面团摆放在铺了油布的烤盘上，在温暖湿润（28℃）的环境中进行最后发酵（图12）。

7　发至原体积的2倍大（图13）。

8　面团表面筛薄粉，打开以240℃预热好的烤箱，将面团连同油纸一起滑送到石板上，向装有重石的烤盘里倒100毫升开水，上、下火220℃烘烤7分钟，取出装重石的烤盘，转190℃继续烘烤7分钟。

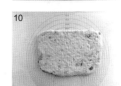
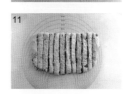

鲜奶哈斯

哈斯有着经典的啤酒桶造型，外皮酥脆、组织 Q 弹，散发着浓郁的奶香和小麦香气。

■ 材料

面团

A 法国 T55 粉	· · · · · · · · · · · · · · · · ·	315 克
细砂糖	· · · · · · · · · · · · · · · · · · ·	25 克
盐	· ·	5 克
奶粉	· ·	8 克
低糖即发干酵母	· · · · · · · · · · · ·	3 克
法国老面	· · · · · · · · · · · · · · · · ·	70 克
B 蛋黄液	· · · · · · · · · · · · · · · · · ·	16 克
鲜奶	· · · · · · · · · · · · · · · · · · ·	206 克
C 黄油	· · · · · · · · · · · · · · · · · · · ·	25 克

参考数量

3 个

■ 做法

1 将除黄油以外的面团材料混合，搅拌至面团卷起变柔滑，能够拉展出稍厚的面筋薄膜，加入黄油，继续搅拌至扩展阶段。

2 将面团整理平整放入容器中（图1），在室温（24~26℃）下基础发酵60分钟。

3 发至原体积的2倍大。将面团倒出，做两次三折的翻面，放入容器中继续发酵30分钟。

4 将面团倒出在操作台上，整理平整，切成3份等重的方形面团，约220克/个（图2）。

5 将面团正面向上，轻拍排气，两端向后卷折成枕头状（图3），松弛15分钟。

6 将面团正面在上，稍压扁（图4），用擀面杖擀长（图5），翻面（图6），将上、下1/3部分向中间折（图7），继续松弛20分钟（图8）。

7 将面团竖放，擀长后翻面（图9），从下向上卷成卷（图10）。

8 将整形好的面团接缝在下放在发酵布上，在

温暖湿润（28℃）的环境中进行最后发酵（图11）。

10 发至原体积的2倍大，将面团转移至铺了油布的平烤盘上，表面纵割5道口（图12）。

11 打开以230℃预热好的烤箱，将面团连同油布一起滑送到石板上，向装有重石的烤盘里倒100毫升开水，上、下火210℃烘烤7分钟，取出装重石的烤盘，转190℃继续烘烤16分钟。

玫瑰荔枝包

■ 材料

冷藏中种

　高筋面粉····················· 285 克

　低糖即发干酵母················ 2 克

　蜂蜜························· 3 克

　水························· 172 克

主面团

A 高筋面粉····················· 40 克

　法国 T55 粉················ 150 克

　盐························· 6.5 克

　低糖即发干酵母··············· 2.5 克

B 水························· 96 克

　荔枝酒························ 40 克

C 黄油························ 12 克

D 酒泡玫瑰荔枝：

　荔枝干····················· 90 克

　干玫瑰花瓣··················· 2 克

　玫瑰酱····················· 18 克

　荔枝酒····················· 15 克

E 核桃仁····················· 15 克

表面用

法国 T55 粉适量

参考数量

4 个

■ 做法

1　酒泡玫瑰荔枝：荔枝干切块，和干玫瑰花瓣、玫瑰酱、荔枝酒混合均匀，放入冰箱冷藏一晚，第二天使用（图1）。

2　冷藏中种：将中种材料混合，搅拌至材料均匀溶解，面团变柔滑（图2）。将面团在室温下放置到体积增加近1倍大，再放入冰箱（4~6℃）冷藏发酵14~18小时。第二天发至3.5~4倍大后使用（图3）。

3　将除黄油、材料D和材料E以外的主面团材料混合，同时加入切块的中种，搅拌至面团卷起变柔滑，能够拉展出稍厚的面筋薄膜，加入黄油继续揉至扩展阶段，最后加入切块的核桃仁和酒泡玫瑰荔枝搅拌均匀。

4　将面团整理平整放入容器中，在室温（24~26℃）下进行基础发酵（图4）。

5　发至原体积的2倍大（图5）。

6　将面团平均分成4份，约230克/个，滚圆后松弛15分钟（图6）。

7　将面团拍扁（图7），翻面（图8），将面团上半部分的左、右两边向内翻折，捏合边缘使上端成尖角状（图9），再将面团下半部分向上折，同时捏紧边缘接缝处（图10），整形好的面团呈三角形状（图11）。

8　面团收口向下放在发酵布上，在温暖湿润（28℃）的环境中进行最后发酵（图12）。

9　发酵好的面团接近原体积的2倍大，将面团转移到铺了油布的平烤盘上（图13），面团表面筛薄粉（图14），割口（图15）。

10　打开以240℃预热好的烤箱，将面团连同油布一起滑送到石板上，向装有重石的烤盘里倒100毫升开水，上、下火220℃烘烤8分钟，取出装重石的烤盘，转190℃继续烘烤17分钟（图16）。

枣杞核桃包

一款秋冬季的养生面包，有着松香酥脆的表皮、扎实的组织，里面卷入大量果干和坚果，使成品有着独特的味道和口感。

■ 材料

冷藏中种

高筋面粉	200 克
蜂蜜	2 克
鲜奶	135 克
即发干酵母	1.5 克

主面团

A 高筋面粉	150 克

低筋面粉	150 克
细砂糖	65 克
盐	6 克
即发干酵母	1 克
B 全蛋液	80 克
鲜奶	80 克
C 黄油	50 克

卷入用

枸杞干80克、去核红枣80克、水（泡果干用）40克、核桃仁40克

表面用

蛋黄液适量

参考数量

2 个

■ 做法

1 枸杞干、切块的去核红枣加水混合均匀，密封冷藏一晚后使用。

2 冷藏中种：将中种材料混合，搅拌至材料均匀溶解，面团变柔滑（图1）。将面团在室温下放置到体积增加近1倍大，再放入冰箱（4~6℃）冷藏发酵14~18小时。第二天发至3.5~4倍大后使用（图2）。

3 将除黄油以外的主面团材料混合，同时加入切块的中种，搅拌至面团变光滑，加入黄油，继续搅拌至扩展阶段（图3）。

4 将面团平均分成2份，滚圆后放入发酵盒内，放入冰箱冷藏30分钟（图4）。

5 将面团压扁，擀开成长方形（图5）。

6 将面团对折（图6），转90°，擀成边长为25厘米×30厘米的长方形（图7）。

7 面团表面放枸杞干、去核红枣和核桃仁，底部和两侧边缘留出不放（图8），用手掌将果料稍向下压。

8 将面团由上向下卷成长卷，要卷得紧一些，全部卷完后捏紧两端和边缘接缝处，并前后滚动收整面团（图9）。

9 将整形好的面团摆放在烤盘上，在温暖湿润（28℃）的环境中最后发酵60分钟。

10 面团表面刷蛋黄液，划斜口（图10）。

11 放入预热好的烤箱中下层，上、下火180℃烘烤30分钟，至表面呈棕色。

金枪鱼口袋比萨

■ 材料

面团

A 高筋面粉 · · · · · · · · · · · · · · · · · · · 210 克

  低筋面粉 · 50 克

  全麦粉 · 40 克

  盐 · 5 克

  奶粉 · 10 克

  低糖即发干酵母 · · · · · · · · · · · · · · · 3 克

B 水 · 195 克

C 橄榄油 · 10 克

馅料

比萨酱、芥末籽酱、清水金枪鱼罐头、马苏里拉奶酪丝、罗勒碎适量

表面用

高筋面粉适量

参考数量

8个

■ 做法

1 将金枪鱼沥干水分后撕成块。

2 将面团材料混合，揉至面团光滑有弹性，能够延展出薄膜的扩展阶段。

3 将面团整理平整放入容器中，在室温（24~26℃）下进行基础发酵（图1）。

4 发至原体积的2倍大（图2）。

5 将面团平均分成4份，约125克/个，滚圆后松弛20分钟（图3）。

6 将面团稍压扁，擀开成长方形（图4），先在表面抹一层芥末籽酱，并在中间1/3部分涂抹适量比萨酱（图5），再在中间1/3部分撒一层马苏里拉奶酪丝和一层金枪鱼肉，最后表面撒罗勒碎（图6）。

7 将面团的左、右1/3部分向中间折（图7），用擀面杖稍擀开，横切成两等份（图8）。

8 将分割好的面团摆放在烤盘上，在温暖湿润（28℃）的环境中进行最后发酵（图9）。

9 发酵好的面团用手指轻按回弹较快并仍有指痕残留。

10 将面团表面筛薄粉，用利刀浅划斜口（图10），放入预热好的烤箱中层，先以上、下火230℃烘烤10分钟，在上面压一个较重的平烤盘，再继续烘烤1分钟。

番茄奶酪佛卡夏

佛卡夏（Focaccia）是一款源于意大利的特色面包，形状扁平，通常会以橄榄油和香草调味，有时还会搭配奶酪、肉、蔬菜等材料。烤好的面包外酥里软，蘸橄榄油或黑醋栗汁等食用会非常开胃。

■ 材料

液种

日清百合花粉	165 克
水	165 克
低糖即发干酵母	0.5 克

主面团

A 日清百合花粉	160 克
高筋面粉	275 克
盐	9 克
低糖即发干酵母	3 克
B 水	230 克
C 橄榄油	20 克

表面用

新鲜迷迭香叶、小番茄、口蘑、高熔点奶酪丁、海盐、黑胡椒碎、橄榄油适量

参考数量

烤盘（26 厘米 ×37 厘米）1 盘

■ 做法

1 液种：将液种材料混合，搅拌均匀（图1），室温下放置2小时左右至稍微膨胀，再放入冰箱冷藏16~24小时后使用（图2）。

2 将除橄榄油以外的主面团材料混合，同时加入液种，搅拌至面团成团无干粉，加入橄榄油，搅拌到面团变光滑，可以延展成膜即可（图3）。

3 将面团整理平整放入发酵盒内，在室温（24~26℃）下基础发酵60分钟（图4）。

4 烤盘底部抹一层橄榄油，将面团放在烤盘上，用手指指肚按压面团，使面团被慢慢推展开（图5），直至铺满烤盘底部（图6）。

5 小番茄对半切开（图7）。

6 面团表面放迷迭香叶、切块口蘑、小番茄和高熔点奶酪丁，淋适量橄榄油，最后撒黑胡椒碎和海盐（图8、图9）。

7 放入预热好的烤箱中层，上、下火220℃烘烤20分钟，至表面呈浅棕色即可（图10）。

蜂蜜蔓越莓

■ 材料

面团

A 法国 T55 粉 · · · · · · · · · · · · · · · · · 300 克

细砂糖 · · · · · · · · · · · · · · · · · · 10 克

盐 · 5 克

低糖即发干酵母 · · · · · · · · · · · · · · 1.5 克

葡萄种 · · · · · · · · · · · · · · · · · · · 80 克

B 蜂蜜 · 10 克

鲜奶 · 80 克

水 · 100 克

C 黄油 · 15 克

D 蔓越莓干 · · · · · · · · · · · · · · · · · · 60 克

蜂蜜 · 10 克

表面用

法国 T55 粉适量

参考数量

3 个

■ 做法

1 将材料D的蔓越莓干和蜂蜜混合均匀，放置30分钟后使用（图1）。

2 将除黄油、材料D以外的面团材料混合，搅拌至面团卷起变柔滑，能够拉展出稍厚的面筋薄膜，加入黄油继续搅拌至扩展阶段，最后放入与蜂蜜混合后的蔓越莓干搅拌均匀。

3 将面团整理平整放入发酵盒中（图2），在室温（24~26℃）下基础发酵约90分钟。

4 发至原体积的2倍大（图3）。

5 将面团倒出在操作台上，整理平整（图4），先将左、右1/3部分向中间折（图5），再将上、下1/3部分向中间折，即完成两次三折的翻面（图6）。

6 面团放入发酵盒中（图7），继续发酵60分钟。

7 将面团平均分成3份，约220克/个，滚圆后松弛20分钟（图8）。

8 将面团稍拉长（图9），拍扁（图10），翻面后竖放（图11），从上向下卷成卷，并前后推滚收整成橄榄形（图12）。

9 将面团摆放在烤盘上，在温暖湿润（28℃）的环境中进行最后发酵（图13）。

10 发酵好的面团用手指轻按可回弹并有指痕残留。面团表面筛薄粉，连续割"之"字口（图14）。

11 放入预热好的烤箱中层，上、下火190℃烘烤22分钟。

第八章 PART 8
硬式面包
· HARD BREAD ·

关于硬式面包

Q 为什么割包时面团会粘刀，不能顺利割开？

A 割包时粘刀一般是由于面团表面张力不足，面团最后发酵过度，最后发酵湿度大导致面团表面湿黏（这时建议晾几分钟，等表皮稍干燥后再割开），割包速度慢等原因造成的。

Q 为什么面包的割口没有顺利爆开？

A 搅拌不足或翻面操作不当造成面团筋度偏弱，整形好的面团表面张力低，最后发酵过度，割包方法不正确，烤箱温度偏低或偏高，入炉后蒸汽量过多或过少等都会导致割口不能顺利爆开。

Q 为什么同一条法棍的割口有的爆开，有的没爆开？

A 大多是由于整形和割口不均匀造成的。整形时力度不均，导致面团内部组织各部位的面筋强弱不同，延伸到前面的分割和塑形等，也可以算作整形的一部分，操作均匀工整与否也会影响到整形的均匀程度。

Q 为什么法棍内部组织细密，没有大孔洞？

A 常见的原因有面团搅拌过多使面筋组织过于丰富，发酵不足或发酵过度，整形力道重、排出气体过多，整形偏紧使面团无法充分膨胀等。

Q 为什么法棍表皮很韧，咬不动？

A 面团搅拌过多会让面包表皮变韧难咬，烘烤时湿度过大也会造成面包表皮不够酥脆而难以咬断。

传统法棍

　　法国长棍面包的法语是 La Baguette，含义为长条形的宝石，在法国是最受喜爱的主食面包。虽然它的用料简单到只有面粉、水、盐和酵母，但源于不同产地的材料，不同的制作方式，做出的法棍在口感和风味上都有着自己的特色。 一根好的法棍会拥有棕色的酥脆外壳、爆开的割口、湿润软弹的组织以及有带有光泽的大孔洞，咀嚼间可以品味出浓郁的麦香。

■ 材料

面团

A 日清百合花粉 · · · · · · · · · · · · · · · · · · 400 克	法国老面 · 120 克
麦芽精 · 1 克	B 水 · 276 克
低糖即发干酵母 · · · · · · · · · · · · · · · · 2.4 克	
盐 · 8 克	

参考数量

3 根

■ 做法

1　将面粉、麦芽精和水混合，搅拌至成团无干粉，把酵母撒在面团表面，遮盖容器，在室温下静置30分钟。

2　面团静置完成，加入切块的法国老面，慢速搅拌至酵母溶解，加入盐继续搅拌到面团具有一定量的面筋（图1），能够延展成膜（图2），改快速搅拌至可以拉出平滑薄膜的扩展阶段，完成的面温在23~24℃（图3）。

3　将面团整理成圆滑状态放入发酵盒内（图4），在室温（24~26℃）下发酵30分钟（图5）。

4　将面团倒出在撒了手粉的操作台上，稍整理平整（图6），先将面团的左、右1/3部分向中间折（图7），再将下1/3部分向上折（图8），提起折叠部分向前推卷，使其自然卷起折叠，即完成两次三折的翻面（图9）。面团放入发酵盒内继续发酵45分钟。

5　倒出面团并整理平整，切成3份等重的方形面团，约260克/个（图10）。

6 将面团折叠收整成橄榄形（图11、图12），操作手法要轻柔，塑性好的面团形状均匀，表皮完整紧绷。

7 面团静置松弛30分钟（图13）。

8 将面团正面在上，轻轻拍除大气泡（图14），翻面，将上1/3部分向下翻折，边折叠边用掌根压实接缝处（图15、图16），转180°（图17），将上1/3部分向下翻折，用掌根压实接缝处（图18、图19），最后再上下对折，同时压紧边缘接缝（图20）。将面团搓成长棍形状，整形好的面团粗细均匀，表皮完整（图21）。

9 将面团排列在发酵布上，在室温下进行最后发酵。面团侧面与发酵布之间要留出近1指宽的距离，为发酵留出空间（图22）。

10 发至原体积的1.5~2倍大，手指轻按面团可回弹并仍有指痕残留。将面团转移到铺了油布的平烤盘上（图23），用利刀在表面割口（图24）。

11 打开以280℃预热好的烤箱，将面团连同油布一起滑送到石板上，向装有重石的烤盘里倒200毫升开水，上、下火240℃烘烤8分钟，取出装有重石的烤盘，继续烘烤16分钟，至表面变成棕色（图25），出炉移至晾网上放凉（图26）。

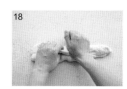

法棍的割口

法棍面团烘烤时产生的大量气体从割口处得以释放，割口被撑开呈橄榄形，有明显的边缘，上翘的边缘俗称为"耳朵"。

法棍的割口几乎与中心轴线重叠，这样才能在烘烤中被最大限度地撑开。将刀片前端割入面团表面，刀身倾斜45°，像削皮一样地将面团划开，使割口呈楔形，割口上面的一侧烘烤时才会翻起裂开。

每道割口长约10厘米，间距约1厘米，重叠部分的长度约为割口长度的1/4~1/3。最后发酵有些过度的面团可以少重叠些，最后发酵不足的面团可以多重叠些。如果操作初期对割口定位不熟练，可以用牙签轻轻扎洞标记起止点。割口约2毫米深，最后发酵过度的面团可以割浅些，而最后发酵不足可以割深一些。割包速度要快，可以用"嗖"的一下来形容，割包速度慢则容易因面团湿黏而粘刀。

麦芽精

麦芽精是将磨碎的麦芽和水混合，在50~65℃的条件下进行糖化，将淀粉分解成麦芽糖和糊精后而最终萃取出的浓缩精华，呈浓稠的褐色糖浆状。麦芽精的主要成分是麦芽糖，同时富含淀粉酶和麦芽糖酶，淀粉酶可以分解淀粉产生麦芽糖，再经过麦芽糖酶的分解生成葡萄糖供酵母使用。除此之外，麦芽精还具有增加面团延展性、帮助烘烤上色、增加面包香气等作用。麦芽精非常浓稠，直接加入不易混匀，一般会先用少量水（麦芽精：水=1∶1）溶解稀释后再使用。

橙皮巧克力短法棍

■ 材料

面团

A 法国 T55 粉	300 克
盐	6 克
低糖即发干酵母	2 克
可可粉	10 克
葡萄种	50 克
B 水	210 克
C 耐高温巧克力豆	40 克
糖渍橙皮丁	35 克
朗姆酒	适量

表面用

法国 T55 粉适量

参考数量

4 个

■ 做法

1　将材料C的糖渍橙皮丁和朗姆酒混合均匀，朗姆酒的用量稍没过橙皮丁即可。浸泡30分钟后捞出沥干待用（图1）。

2　将除盐和材料C以外的面团材料混合，慢速搅拌至酵母溶解，加入盐继续搅拌到面团具有一定量的面筋，能够延展成膜，改快速搅拌至可以拉出薄膜的扩展阶段，最后加入糖渍橙皮丁和耐高温巧克力豆搅拌均匀，完成的面温在23~24℃。

3　将面团整理成圆滑状态放入发酵盒内（图2），在室温（24~26℃）下发酵30分钟（图3）。

4　将面团倒出在撒了手粉的操作台上，做两次三折的翻面后放入发酵盒内（图4），继续发酵50分钟（图5）。

5　倒出面团并整理平整，切成4份等重的方形面团，约160克/个。将面团折叠收整成橄榄形，松弛25分钟（图6）。

6　将面团正面在上，轻轻拍除大气泡，翻面，将上1/3部分向下翻折，边折叠边用掌根压实接缝处（图7），转180°，将上1/3部分向下翻折，

用掌根压实接缝处（图8），最后将面团上下对折，同时压紧边缘接缝。将面团搓成粗细均匀的长棍形状（图9）。

7　将面团排列在发酵布上，在室温下进行最后发酵（图10）。

8　发至原体积的1.5~2倍大，手指轻按面团可回弹并仍有指痕残留。将面团转移到铺了油布的平烤盘上，表面筛薄粉，用利刀割口（图11）。

9　打开以280℃预热好的烤箱，将面团连同油布一起滑送到石板上，向装有重石的烤盘里倒200毫升开水，上、下火240℃烘烤8分钟，取出装有重石的烤盘，继续烘烤15分钟（图12）。

玉米法式面包

■ 材料

冷藏中种

日清百合花粉·················180 克

麦芽精·····················1 克

低糖即发干酵母···············1 克

水·······················110 克

主面团

A 日清百合花粉················180 克

低糖即发干酵母···············0.5 克

盐·······················7.2 克

B 水·······················140 克

C 后加水····················20 克

裹入用

玉米粒（罐头装）180克、干燥葱碎适量

表面用

日清百合花粉适量

参考数量

4 个

■ 做法

1 冷藏中种：将中种材料混合，搅拌至材料均匀溶解，面团变柔滑。将面团在室温下放置到体积增加近1倍大，再放入冰箱（4~6℃）冷藏发酵14~18小时。第二天发至3.5~4倍大后使用。

2 将除后加水以外的主面团材料混合，同时加入切块的中种，慢速搅拌至面团变光滑，改快速继续搅拌至可以拉出薄膜的扩展阶段（图1）。后加水分次慢慢加入，每次都要搅拌到完全吸收后再加下一次，直至全部加完。

3 将面团整理成圆滑状态放入发酵盆内（图2），在室温（24~26℃）下发酵30分钟。

4 将面团倒出在撒了手粉的操作台上，整理平整，表面铺干燥葱碎和沥干水分的玉米粒（图3），先将面团的左、右1/3部分向中间折（图4），再将上、下1/3部分向中间折（图5）。

5 面团放入发酵盆内（图6），在室温下发酵60分钟（图7）。

6 将面团倒出，做两次三折的翻面，放入发酵盆内（图8），继续发酵45分钟（图9）。

7 倒出面团，整理成平整的长方形，平均切成4份（图10）。将面团放在发酵布上，在室温下进行最后发酵（图11）。

8 发酵好的面团手指轻按可回弹但仍有指痕残留。将面团转移到铺了油布的平烤盘上，表面筛薄粉，用利刀割十字口（图12）。

9 打开以280℃预热好的烤箱，将面团连同油布一起滑送到石板上，向装有重石的烤盘里倒200毫升开水，上、下火240℃烘烤7分钟，取出装有重石的烤盘，继续烘烤15分钟。

奶酪脆饼

■ 材料

面团

A 法国 T65 粉·····················175 克
　 麦芽精······················0.5 克
　 盐···························2.6 克
　 低糖即发干酵母·············1.4 克
　 法国老面····················40 克
B 水···························115 克
C 橄榄油························3 克
D 干燥葱碎······················1 克

馅料

高熔点奶酪丁·····················90 克

表面用

黑橄榄（罐头装）、马苏里拉奶酪丝、橄榄油适量

参考数量

3个

■ 做法

1　将除橄榄油和干燥葱碎以外的面团材料混合，搅拌至可以拉出薄膜的扩展阶段，分次加入橄榄油，每次要搅拌至完全吸收后再加下一次，最后加入干燥葱碎搅拌均匀，搅拌完成的面团可以薄薄地延展开（图1）。

2　将面团整理成圆滑状态放入发酵盆内（图2），在室温（24~26℃）下进行基础发酵。

3　发至原体积的2倍大（图3）。

4　将面团平均分成3份，约110克/个，滚圆后松弛20分钟（图4）。

5　将面团正面在上，稍压扁，翻面，放30克高熔点奶酪丁。奶酪丁要铺开放，不要叠在一起（图5）。

6　将面团包成三角形，捏紧边缘接缝（图6、图7）。

7　将面团收口向下放置，轻轻压扁（图8），用擀面杖将奶酪丁敲碎。敲打要用力适度，不要敲破表皮（图9），不易碎的奶酪丁可以用手指按扁

（图10）。

8　将面团擀成底边18厘米、高22厘米的三角形（图11），转移到铺了油布的平烤盘上，用利刀沿中线间断划三道口，再在两侧各划5道斜口，将切口拉展开，同时整理面团成三角形。黑橄榄切片，摆放在面团表面，最后撒适量马苏里拉奶酪丝（图12）。

9　打开以280℃预热好的烤箱，将面团连同油布一起滑送到石板上，向装有重石的烤盘里倒150毫升开水，上、下火220℃ 烘烤6分钟，取出装有重石的烤盘，继续烘烤8分钟。出炉后趁热在表面刷适量橄榄油。

芝士法国

■ 材料

面团

A 法国 T55 粉 · · · · · · · · · · · · · · · · · 360 克

　麦芽精 · 1 克

　低糖即发干酵母 · · · · · · · · · · · · · · 1.5 克

　盐 · 7 克

　法国老面 · · · · · · · · · · · · · · · · · · · 55 克

B 水 · 260 克

裹入用

陈年切达奶酪 180 克

参考数量

6 根

■ 做法

1　将陈年切达奶酪切丁。

2　将除盐以外的面团材料混合，慢速搅拌至酵母溶解，加入盐继续搅拌到面团具有一定的筋度，改快速搅拌至可以拉出薄膜的扩展阶段（图1）。

3　将面团整理成圆滑状态放入发酵盆内（图2），在室温（24~26℃）下发酵30分钟（图3）。

4　将面团倒出在撒了手粉的操作台上，整理平整，表面放奶酪丁（图4）。先将面团的左、右1/3部分向中间折（图5），再将上、下1/3部分向中间折（图6）。面团放入发酵盆中（图7），继续发酵60分钟。

5　将面团倒出做两次三折的翻面（图8），放入盆中继续发酵60分钟。

6　倒出面团，整理成平整的长方形（图9），平均切成6份（图10），两手分别捏住面团两端，拧成螺旋形。不要拧得太紧，否则会影响面团膨胀。

7　将拧好的面团摆放在铺了油布的平烤盘上，在室温下做最后发酵（图11）。

8　发酵好的面团手指轻按可回弹但仍有指痕残留。打开以280℃预热好的烤箱，将面团连同油布一起滑送到石板上，向装有重石的烤盘里倒200毫升开水，上、下火240℃烘烤7分钟，取出装有重石的烤盘，继续烘烤13分钟（图12）。

夏巴达（Ciabatta）是源于意大利的传统主食欧包，因其扁平的长方形状形似拖鞋，所以也称作"拖鞋面包"。夏巴达面团含水量高，制成的面包有着薄而酥脆的外壳以及标志性的大孔洞组织，适合搭配汤汁或蘸橄榄油、黑醋栗汁等调料食用。

夏巴达

■ 材料

液种

法国 T55 粉 · · · · · · · · · · · · · · · · · 160 克

水 · 160 克

低糖即发干酵母 · · · · · · · · · · · · · · 0.4 克

主面团

A 法国 T55 粉 · · · · · · · · · · · · · · · · 240 克

低糖即发干酵母 · · · · · · · · · · · · · · 1.6 克

盐 · 8 克

B 水 · 155 克

C 橄榄油 · 20 克

参考数量

4 个

■ 做法

1 将液种材料混合均匀，室温下放至产生少量气泡，再放入冰箱冷藏发酵 18~24 小时。发酵好的液种充分膨胀，内部充满大气泡。

2 将除橄榄油以外的主面团材料混合，同时加入液种，慢速搅拌至材料均匀溶解，面团产生面筋并开始收缩（图 1），改快速搅拌，面团逐渐收起，脱离盆壁抱团，直到表面变光滑（图 2），可以拉展出平滑的面筋薄膜。

3 将橄榄油分次慢慢加入，每次都要搅拌至完全吸收后再加下一次，直至全部加完，搅拌好的面团可以延展出薄而平滑的面筋薄膜（图 3），完成的面温在 22~24℃。

4 将面团整理成圆滑状态放入发酵盒内，在室温（24~26℃）下发酵 45 分钟（图 4）。

5 将面团倒出在撒了手粉的操作台上，整理平整，完成两次三折的翻面，放入发酵盒中（图 5），发酵 45 分钟（图 6）。

6 再次将面团倒出，做两次三折的翻面，放发酵盒中（图 7），继续发酵 60 分钟。

7 将面团倒出并轻轻拉开整理成 14 厘米 ×30 厘米的长方形（图 8）。

8 将面团平均切成 4 份，每份为边长 7 厘米 ×15 厘米的长方形（图 9）。

9 将面团表面向下放在已撒粉的发酵布上，在室温下进行最后发酵（图 10）。

10 发酵好的面团变蓬松但仍有弹性，手指轻按可回弹同时有指痕留下。转移并翻转面团，放在铺了油布的平烤盘上（图 11）。

11 打开以 280℃预热好的烤箱，将面团连同油布一起滑送到石板上，向装有重石的烤盘里倒 150 毫升开水，上、下火 245℃烘烤 6 分钟，取出装有重石的烤盘，继续烘烤 10~12 分钟，至表面呈浅棕色（图 12）。

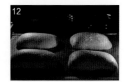

海苔干酪夏巴达

■ 材料

液种

法国T65粉	200克
水	200克
低糖即发干酵母	0.5克

主面团

A 法国T65粉	300克
低糖即发干酵母	2克
盐	10克
B 水	190克
C 橄榄油	25克
D 干海苔碎	2克

裹入用

切达干酪	70克

参考数量

6个

■ 做法

1 将液种材料混合均匀，室温下放至产生少量气泡，再放入冰箱冷藏发酵18~24小时。发酵好的液种充分膨胀，内部充满大气泡。

2 将除橄榄油、干海苔碎以外的主面团材料混合，同时加入液种，慢速搅拌至材料均匀溶解，面团产生面筋并开始收缩，改快速搅拌，面团逐渐收起，脱离盆壁抱团，直至表面变光滑，可以拉展出平滑的面筋薄膜。

3 将橄榄油分次慢慢加入，每次都要搅拌至完全吸收后再加下一次，直至全部加完（图1），搅拌好的面团可以延展出薄而平滑的面筋薄膜（图2），最后加入干海苔碎搅拌均匀，完成的面温在22~24℃。

4 将面团整理成圆滑状态放入发酵盒内（图3），在室温（24~26℃）下发酵45分钟。

5 将面团倒出在撒了手粉的操作台上，整理平整，将切成丁的切达干酪铺放在表面（图4），先将面团的左、右1/3部分向中间折（图5），再

将上、下1/3部分向中间折。面团放入发酵盒内（图6），发酵45分钟。

6 再次将面团倒出，做两次三折的翻面（图7），放入发酵盒内，发酵60分钟。

7 将面团倒出并拉开整理成21厘米×30厘米的长方形（图8），动作要轻柔，以免破坏内部气泡。

8 将面团平均切成6份，每份为边长7厘米×15厘米的长方形。

9 将面团表面向下放在已撒粉的发酵布上，在室温下进行最后发酵（图9）。

10 发酵好的面团变蓬松但仍有弹性，手指轻按可回弹同时有指痕留下。转移并翻转面团，放在铺了油布的平烤盘上（图10）。

11 打开以280℃预热好的烤箱，将面团连同油布一起滑送到石板上，向装有重石的烤盘里倒150毫升开水，上、下火245℃烘烤6分钟，取出装有重石的烤盘，继续烘烤10~12分钟，至表面呈浅棕色。

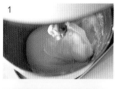

伯爵杏桃

■ 材料

液种

法国T55粉·····················120克

葡萄菌液·····················120克

主面团

A 高筋面粉·····················260克

黑麦粉·······················40克

盐···························8克

低糖即发干酵母···················2克

B 水··························185克

C 伯爵红茶碎····················4克

杏桃干·······················50克

葡萄干·······················50克

白葡萄酒·······················30克

核桃仁·······················30克

表面用

黑麦粉适量

参考数量

3个

■ 做法

1　将切成块的杏桃干、葡萄干和白葡萄酒混合均匀，密封放置一晚，制成酒渍果干。

2　液种：将葡萄菌液和法国T55粉混合均匀（图1），室温下放置1小时，再放入冰箱冷藏发酵一晚。发好的种体积膨胀、内部充满气体（图2）。

3　将除盐和材料C以外的主面团材料混合，同时加入液种，搅拌到酵母溶解，加入盐继续搅拌至面团可以延展出薄膜的扩展阶段，最后加入伯爵红茶碎搅拌均匀。

4　将面团摊平，把酒渍果干、切成块的核桃仁铺在上面，包起后用切刀切拌均匀。切拌好的面团在台面上静置10分钟（图3），要注意覆盖，防止干皮。

5　将面团整理成圆滑状态放入发酵盒中（图4），在室温（24~26℃）下发酵45分钟。

6　将面团倒出，做两次三折的翻面，放入发酵盒中（图5），继续发酵45分钟。

7　将面团平均分成3份，约290克/个，滚圆后松弛20分钟（图6）。

8　面团稍拉长，正面向上放置，用手掌拍除部分气体，翻面（图7），将面团的上1/3部分向下折，压紧边缘接缝处（图8），转180°（图9），将面团上下对折，压紧边缘接缝。将面团前后滚动收整成橄榄形（图10）。

9　将整形好的面团摆放在发酵布上，在室温下进行最后发酵（图11）。

10　发酵好的面团手指轻按可回弹但仍有指痕残留。面团表面薄筛黑麦粉，用利刀割斜口（图12）。

11　打开以280℃预热好的烤箱，将面团连同油布一起滑送到石板上，向装有重石的烤盘里倒200毫升开水，上、下火230℃烘烤7分钟，取出装有重石的烤盘，继续烘烤18分钟。

多谷物面包

■ 材料

面团

A 日清百合花粉 · · · · · · · · · · · · · · · · · 500 克

　　麦芽精 · 1 克

　　低糖即发干酵母 · · · · · · · · · · · · · 1 克

　　盐 · 9 克

B 水 · 370 克

C 杂粮谷物（小黄米、小黑米、奇亚籽、亚麻籽、粗玉米楂、黑芝麻、小麦仁）· · 80 克

　　水（浸泡谷物用）· · · · · · · · · · · · · · 80 克

表面用

日清百合花粉适量

参考数量

椭圆形大号藤篮 2 个

■ 做法

1　将杂粮谷物和水混合均匀，放入冰箱冷藏浸泡24小时。

2　将日清百合花粉、麦芽精和水混合，搅拌至成团无干粉，表面撒酵母，遮盖后在室温下静置30分钟。

3　将静置好的面团搅拌至酵母溶解，加入盐，搅拌至面团变光滑，可以延展出平滑薄膜的扩展阶段，最后加入泡好的谷物搅拌均匀，完成的面温为23℃。

4　将面团整理成圆滑状态放入发酵盒内，在室温下（24~26℃）发酵30分钟。

5　倒出面团，做两次三折的翻面，放入发酵盒内（图1），在室温下发酵30分钟，然后放入冰箱冷藏12小时（图2）。

6　倒出面团并整理平整，切成2等份（图3）。

7　将面团对折（图4），用刮板铲推面团底部将其收整成圆形（图5、图6），整理好的面团表面平滑紧绷（图7）。操作时动作要轻而快，尽量用最少的动作完成。将面团在室温下放置，待回温至18℃。

8　将面团正面在上，轻轻拍除大气泡，翻面，竖放（图8），先将面团的下1/3部分向上折，轻压接缝处（图9），再将上1/3部分向下折，稍压中间接缝处以固定形状，同时让两边膨起（图10），最后上下对折，前后推滚面团将其收整成椭圆形，同时闭合边缘接缝处（图11）。

9　藤篮内筛薄粉，面团收口向上放入藤篮内，在室温下进行最后发酵（图12）。

10　发酵好的面团手指轻按可回弹但仍有指痕残留（图13），将面团倒扣在铺了油布的平烤盘上，用利刀沿中线割口（图14）。

11　打开以280℃预热好的烤箱，将面团连同油布一起滑送到石板上，向装有重石的烤盘里倒200毫升开水，以上、下火230℃烘烤10分钟，取出装有重石的烤盘，继续烘烤25分钟，至表皮呈深棕色。

大米鲁斯迪克

  鲁斯迪克（Rustique）面包来源于免揉版的高水量法棍面团，不揉和的制作方式将面团的氧化程度降到最低，使面粉中的胡萝卜素得以残留从而让面包组织呈现出淡黄的奶油色泽。面包经过长时间的熟成，未经过多整形切割烘烤而成，其自然纯朴的风格是手工面包的最好诠释。

  此款配方加入了粳米粉，为面包带来大米的香甜以及 Q 弹的口感，品味之中另有一番风味。

■ 材料

面团

A 日清百合花粉 · · · · · · · · · · · · · · · · · 300 克

 高筋面粉 · · · · · · · · · · · · · · · · · · 100 克

 粳米粉 · · · · · · · · · · · · · · · · · · · 100 克

 麦芽精 · · · · · · · · · · · · · · · · · · · 1.5 克

 低糖即发干酵母 · · · · · · · · · · · · · · · 1.5 克

 盐 · 10 克

B 常温水（溶解酵母用）· · · · · · · · · · · 30 克

 冰水 · 390 克

参考数量

2 个

■ 做法

1 将酵母分散倒入常温水中，静置至完全湿润即可。

2 冰水中加入盐，搅拌至盐完全溶解。

3 将所有粉类倒入圆盆中，先加入用等量水稀释的麦芽精溶解液（图1），再将盐水沿盆的四周倒入（图2），最后将酵母液倒在中间，以避免和盐水接触。

4 从盆的四周向中间轻轻抓拌面粉，边混合边转动盆，至水分被完全吸收。捏握面团使之没有面块（图3），并从外向内做舀起放下的动作（图4、图5），同时转动盆，直到混合成均匀的面糊（图6），完成的面温在22~23℃（图7）。

5 在室温（24~26℃）下放置30分钟（图8）。

6 将面团倒出在撒了手粉的操作台上，轻轻拍打面团，整理平整（图9），做两次三折的翻面后将面团放入发酵盒内（图10、图11）。因面团筋度弱，翻面时将面团拉长后再折叠以强化面筋，拉开时要注意力度，不要将面筋拉断。

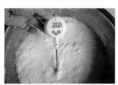

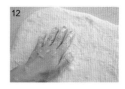

7 面团在室温下放置90分钟。

8 将面团倒出在撒了手粉的操作台上，轻轻拍打面团以排出大气泡（图12），整理平整，做第2次两次三折的翻面，将面团放入发酵盒内（图13、图14）。面团已有一定筋度，将面团适当拉长折叠，不要将面团折叠得太紧，主要是通过翻面折叠一次次地架构面筋结构。

9 面团在室温下放置30分钟。

10 将面团倒出在撒了手粉的操作台上，轻轻拍打面团以排出大气泡，整理平整（图15），完成第3次两次三折的翻面后将面团放入发酵盒内（图16）。此时的面团已有了较好的筋度。

11 面团在室温下放置30分钟。

12 将面团倒出在撒了手粉的操作台上，轻轻拍打面团，整理成平整的长方形（图17）。

13 切除四周边缘部分，将面团均匀切成两半（图18）。

14 将面团放置在已撒粉的发酵布上，为了保持形状，发酵布要紧贴面团侧面（图19），在室温下最后发酵30分钟。

15 发酵好的面团变蓬松但仍有弹性，手指轻按可回弹并仍有指痕残留。将面团转移到铺了油布的平烤盘上，用利刀沿对角线割口（图20）。

16 打开以280℃预热好的烤箱，将面团连同油布一起滑送到石板上，向装有重石的烤盘里倒200毫升开水，上、下火245℃烘烤7分钟，取出装有重石的烤盘，继续烘烤16分钟，至表皮呈金棕色（图21）。

提示：
制作这款面包控制面团温度很关键，用冰水揉面，揉和完成的面温在 22~23℃。面温偏高，则无法得到良好的组织。如果面温偏低，则可以通过用手抓拌让其慢慢升温后再进行发酵。

粳米粉：

　　也称大米粉，是以平时作为主食的大米为原料水磨加工而成的。添加了粳米粉的面包，可散发出甜美的大米香气，同时有着软糯和Q弹的口感。

天然酵种法棍

使用天然酵母面种制作，面团经过一夜低温发酵酝酿出特有的酸香味道，能够更好地衬托出谷物的风味。长时间的自我分解充分释放出小麦本身的香甜，咀嚼起来后味甘甜十足。

■ 材料

面团

A 法国 T55 粉 · · · · · · · · · · · · · · · · · · 440 克

　麦芽精 · 0.8 克

　低糖即发干酵母 · · · · · · · · · · · · · · 0.7 克

　盐 · 9.5 克

　液态酸面种 · · · · · · · · · · · · · · · · · · · 70 克

B 水 · 305 克

表面用

法国 T55 粉适量

参考数量

3 根

■ 做法

1　将法国T55粉、麦芽精和水混合，揉至成团无干粉，密封后放入冰箱冷藏，让面团低温自解12小时（图1）。

2　自解好的面团中加入液态酸面种和酵母，揉搓至酵母均匀溶解，加入盐继续揉搓至溶解（图2）。

3　双手轻握面团一端，将面团提起使其适当延展后折叠（图3、图4），转90°轻握面团（图5），再次将其延展折叠，重复操作直到面团变光滑（图6），可以拉展出平滑面筋薄膜的扩展阶段（图7），完成的面温为22℃。

4　整理面团放入发酵盒内，在室温（24~26℃）下发酵30分钟（图8）。

5　将面团倒出在撒了手粉的操作台上，整理平整（图9），先将面团的左、右1/3部分向中间折（图10），再将下1/3部分向上折（图11），提

起折叠部分向前推卷，使其自然卷起折叠，即完成两次三折的翻面（图12），放入发酵盒内继续发酵45分钟（图13）。

6 再次倒出面团做两次三折的翻面（图14），放入冰箱冷藏发酵12小时（图15）。

7 第二天取出在室温下放置，待中心面温升至16~18℃。将面团倒出在操作台上，整理平整，切成3份等重的方形面团，约265克/个（图16）。

8 将面团折叠收整成橄榄形，操作手法要轻柔，整形好的面团表皮完整紧绷，形状均匀（图17~图19）。

9 面团静置松弛30分钟（图20）。

10 将面团正面在上，轻轻拍除大气泡，翻面，将面团的上1/3部分向下翻折，边折叠边用掌根压实接缝处（图21、图22），转180°，将上1/3部分向下翻折，用掌根压实接缝处（图23、图24），最后再上下对折，同时压紧边缘接缝（图25）。将面团搓成长棍形状，整形好的面团粗细均匀，表皮完整（图26）。

11 将面团排列在发酵布上，在室温下进行最后发酵（图27）。

12 发至原体积的1.5~2倍大，轻按面团可回弹但仍有指痕残留。将面团转移到铺了油布的平烤盘上（图28），表面筛薄粉，用利刀割口（图29）。

13 打开以280℃预热好的烤箱，将面团连同油布一起滑送到石板上，向装有重石的烤盘里倒200毫升开水，上、下火240℃烘烤8分钟，取出装有重石的烤盘，继续烘烤16分钟，至表皮呈棕色（图30）。

提示：
1. 这里采用的是手揉面团，机揉面团的做法可参考传统法棍面团的搅拌（p.213）。
2. 面团采用12小时的低温自我分解，让酵素进行长时间的作用，淀粉释放出糖分、蛋白质转化成氨基酸，能够更好地释放出小麦的香气和甘甜。

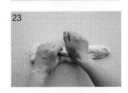

黑麦火山包

■ 材料

面团

A 法国 T55 粉 · · · · · · · · · · · · · · · · · · 200 克

黑麦粉 · 160 克

低糖即发干酵母 · · · · · · · · · · · · · · 2 克

盐 · 7.2 克

固态酸面种 · · · · · · · · · · · · · · · · · 100 克

法国老面 · · · · · · · · · · · · · · · · · · · 105 克

B 水 · 252 克

C 蔓越莓干 · · · · · · · · · · · · · · · · · · · 70 克

蜂蜜 · 15 克

参考数量

2 个

■ 做法

1 将蔓越莓干加蜂蜜混合均匀，放置备用（图1）。

2 将除法国老面和材料C以外的面团材料混合，用慢速搅拌至材料均匀溶解，面团产生一定量的面筋，加入法国老面（图2），慢速搅拌均匀后改快速，搅拌至面团变光滑，能够延展成膜即可（图3），最后加入蔓越莓干搅拌均匀。

3 将面团整理平整放入发酵盒内，在室温（24~26℃）下基础发酵60分钟（图4）。

4 将面团倒出在已撒粉的操作台上，分成2等份，约445克/个，稍整理滚圆，松弛20分钟。滚圆不要太紧，表面平整即可（图5）。

5 操作台上撒一小堆黑麦粉，面团收口向上放置，双手从两侧围拢面团，朝一个方向缓慢旋转，旋转时面团边缘要沾到黑麦粉，边旋转边将面团边缘向内收拢（图6、图7），随着旋转底部逐渐形成旋涡状的纹路（图8）。

6 面团有纹路的一面向下放在发酵布上，在室温下最后发酵30~40分钟（图9）。

7 发酵好的面团变松，长大，但还不到原体积的1.5倍大（图10）。

8 将面团转移到铺了油布的平烤盘上，同时翻转面团，让有纹路的一面在上。放置3~5分钟让纹路舒展开（图11）。

9 打开以260℃预热好的烤箱，将面团连同油布一起滑送到石板上，向装有重石的烤盘里倒250毫升开水，上、下火230℃烘烤10分钟，取出装有重石的烤盘，继续烘烤25分钟，至表皮呈深棕色（图12）。

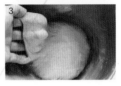

> 提示：
> 1. 添加了大量黑麦粉的面团筋度较弱，先用较长时间的慢速搅拌，待面团具有一定的筋度，再用短时间的快速搅拌，到面团变光滑即可。面团最适搅拌的时间很短，要注意防止搅拌过度，以免造成面筋断裂。
> 2. 整形时（步骤5）旋转速度要慢，才能在面团底部形成清晰的纹路。

挑选一台满意的
家用烤箱

烘烤是面包制作的最后一个阶段，将决定面包最终的品质和状态。好的烤箱能让你在烘焙时更省心，烘焙效果也会更好，因此挑选一台专业的家用烤箱还是很有必要的。

烤箱控温精准、均匀且稳定 可以说温度的精准程度决定了它是否是一台高品质的烤箱。烘烤温度是烘焙成败的关键，温度越准确，烘焙成功率越高。

足够的烤箱容量 总体来说，烤箱越大越好用，小烤箱容易存在保温性差、内部加热不均匀等问题。如果空间允许，建议选择容量在 40 升以上的烤箱，最小也不要低于 30 升。

内腔材质的安全性 这很重要，但容易被忽略。内腔材质应不含有害物质，在高温条件下也能保证不挥发任何有害气体，且易清洁、耐磨性好、不易生锈。

上、下管独立控温 上、下火的温度可以分别设定非常具有实用性，可以满足各种不同食物的烘烤要求。

具有低温发酵功能 如果你喜欢做面包，又不想添置发酵箱，那么建议选择带有发酵功能的烤箱。能提供恰到好处的发酵温、湿度，这对面包制作非常重要，当然做酸奶、酒酿等也不在话下了。

至少要有 4 层层架 便于灵活调节位置，以满足不同体积食材的烘烤需要。

保温性能良好 保温好的烤箱省电、内部温度更均匀。这要求烤箱的密封性好，主体用材有厚度，双层玻璃门当然比单层门的烤箱保温性和安全性好很多。

配备腔内照明灯 方便观察烘烤中食物的状态，而不需要打开烤箱去判断，防止烤箱内部温度骤降。

能够独立热风循环 热风循环功能可以保证烤箱内部热空气的均匀流动，烘烤某些种类的食物时会用到。